U0859213

博古睿 萃岭 丛书

共生
作为方法

Co-becoming as Method

宋冰 主编

上海科技教育出版社

图书在版编目（CIP）数据

共生作为方法 / 宋冰主编. -- 上海：上海科技教育出版社，2025.7. --（博古睿·萃岭丛书）. --ISBN 978-7-5428-8418-3

I. Q143-49

中国国家版本馆 CIP 数据核字第 2025Z0T006 号

责任编辑　殷晓岚
版式设计　储　平　杨　静
封面设计　杨　静

GONGSHENG ZUOWEI FANGFA
共生作为方法
宋　冰　主编

出版发行	上海科技教育出版社有限公司 （上海市闵行区号景路 159 弄 A 座 8 楼　邮政编码 201101）
网　　址	www.sste.com　www.ewen.co
经　　销	各地新华书店
印　　刷	上海锦佳印刷有限公司
开　　本	720×1000　1/16
印　　张	11.5
插　　页	1
版　　次	2025 年 7 月第 1 版
印　　次	2025 年 7 月第 1 次印刷
书　　号	ISBN 978-7-5428-8418-3/N·1264
定　　价	68.00 元

目录 | CONTENTS

1 ...... 共生作为方法　宋冰

21 ...... 《老子》作为一种共生哲学——为共生而承认无知，为共生而承担柔软　赖锡三

43 ...... 生命共生观——我们从未成为个体　斯科特·F. 吉尔伯特 / 扬·萨普 / 阿尔弗雷德·I. 陶伯

66 ...... "生生论"——一种古老思维方式的新名称　安乐哲

88 ...... 从无能到"我们转向"　出口康夫

115 ...... 论现代中国之"双重本体"　孙向晨

137 ...... 我们的共生——个体的作用　中岛隆博

157 ...... 看待"共生"和"convivialism"的另一个视角——共生人文学的功效　白永瑞

共生作为方法

宋冰——文

从 2021 年至今,博古睿研究院聚焦行星视野下的共生思想,开展了一系列对谈与工作坊。其间邀请哲学、微生物学、生态学、社会学、历史学与人类学背景的学者,就共生作为行星视角下的一种新的世界观以及思维方式进行了深入的讨论。其中,共存主义(convivialism)的欧洲倡导者,日本、韩国及中国台湾等东亚地区的学者都予以了积极响应。在这些讨论的基础上,北京大学博古睿研究中心筹划编撰了 *Gongsheng Across Contexts: A Philosophy of Co-becoming?*(以下简称"共生文集"),并由 Macmillan Palgrave 出版社于 2024 年 1 月正式发行。该书以开架阅览(open access)的形式发布,欢迎广大读者自由下载(link.springer.com/book/10.1007/978-981-99-7325-5),随时阅读。

"共生"概念在当代东亚社会被广泛运用。有人把它看作平淡无奇的事实,司空见惯;也有人把它看成公理,不证自明;更有人将它作为鼓舞人心的口号或愿景。总之,说它是东亚社会无处不在的集体潜意识似乎不为过。为探讨共生思想面对全球多重挑战的可能性与意义,《行星思维与共生哲学》一书,以及上文提及的共生文集,尝试在东方思想传统与实践中梳理当代共生思想

> "'共生'概念在当代东亚社会被广泛运用。有人把它看作平淡无奇的事实,司空见惯;也有人把它看成公理,不证自明;更有人将它作为鼓舞人心的口号或愿景。总之,说它是东亚社会无处不在的集体潜意识似乎不为过。"

的"根"及其思想来源。本书再次聚焦"共生",与读者分享众多学者以共生作为方法论的进一步思考,以及共生社会实践的倡议。本书收录的文章主要来自2024年3月,北京大学博古睿研究中心与东京大学艺文书院在东京大学举办的题为"'共生'与'共存':推进行星时代哲学与伦理的思考"的工作坊。

共生作为方法

简要地说,当代"共生"思想的底层世界观认为,我们经验的现实由互通、互摄、互融、共同生成的实体组成。儒家、道家和佛教的宇宙观深刻影响了东亚社会数千年。毋庸置疑,这些传统也孕育、滋养着当代"共生"世界观。中国固有传统中的"天人合一""万物一体""生生不息"等观念、道家以柔化刚,以及佛教的缘起、因陀罗网等思想,是当代"共生"思想的主要来源与哲学基础。[1] 东亚各国的民间信仰和实践也深深影响了当代共生理念和实践的形成与发展。这种互通、互摄、互融、共同生成的关系,存在于人与人、人与其他自然万物,甚至人与超自然实体之间。

共生世界观与现代经典所强调的人之为独立、自足、自主之主体的"个体"观形成鲜明的对照。现代"个体"的概念,因其对人类能动性的强烈主张,也衍生了主客体分离与"自我""他者"截然割裂的思维,并与二元对立思维相辅相成。而共生理念主张所有存在形式之间互摄、互融,并不断共

> **"当代'共生'思想的底层世界观认为,我们经验的现实由互通、互摄、互融、共同生成的实体组成。"**

同生成,从而消解了二元对立,也模糊了二元概念之间的边界。在这个意义上,它挑战了经典逻辑思维的一个基本法则即排中律。[2] 由于共生涉及存在形式之间不断的互摄、互融过程,所有事物都处在多维变化和关系转变的过程中。非此即彼的方法无法捕捉我们周遭现实的复杂性和多样性。共生的世界观则开启了探索和关注介乎两者之间的空间(in-between spaces)、实体之间的互动、渗透和交叠的可能性。[3] 因此,共生概念将挑战我们追求经典逻辑纯粹性的思维习惯,并提醒我们对复杂且有时看似矛盾的叙事保持开放态度。

以共生作为方法论,我们追求的不是非此即彼的概念、体系之争,而是不同概念、体系之间的不断相互融通、检验、调适。因此,共生世界观挑战并丰富(而非代替)了主流现代关于"个体"的观念。本书收录的几篇短文,正反映了哲学家将现代"个体"的概念与东亚哲学传统融合、调适的努力,也正是共生方法论的具体运用。

赖锡三从《老子》的章句出发,以"以柔化刚、恬淡知足、无知无为"的思想内涵为根基,阐释了"柔软共生"的方法论以及其衍生出来的内聚认同、缓和文明、宗教之间的冲突,优化人与自然共生的行为准则。

赖锡三对照了《老子》对"道"的非实体化、非对象化、非外在化的描述,与一神教对对象化、固定化、实体化、位格化的神或上帝的刻画,指出宗教圣战的思想根源在于对普适性常道的"刚性认识"与执着。他认为老子对"道"的认识首先是承认人的无知和"道"的非确定性、非对象化,从而可以让

共生作为方法

共生作为方法

人"敞开认同",进而"缓和文明与宗教的刚强冲突,打开柔软共生的调节机制"。

赖锡三进一步指出,"一"和"道"具有概念上的家族相似性,而"一"道出了宇宙万物"共在共生于'一'这个浩瀚网络,并发生亲密的分享关系"的本体论意义。一旦事物离"一",便成为无源之水、无本之木,于是"抱一""致一"以至于"得一",才使万物得以恒常地生存、变化与繁荣。万物为一也意味着,人与物不仅仅发生外部关系,人之通达于物更是有其内部性。赖锡三指出,道家无意将"人"从"万物"中独立出来,更不希望"'人之道'异化而歧出了'天之道',成为万物的公害祸源"。

然而人类"自见、自是、自伐、自矜",歧出天道。于是,赖锡三呼吁人类放弃自我中心,修正以刚强之势面对天、地、(他)人的做法,人应该为共生"承担柔软"。这么一个"柔化自我、丰富彼此"的方法论与道德境界,就是走向"双向照明、双向开显、双向促成、双向滋长"的共生之道。如此,共生之道可以重塑当下刚强的零和竞争、利益、权势最大化的现代社会主流价值体系。

赖锡三从老子的"反者道之动,弱者道之用"进一步引申出的对待对手、"敌人"的共生方法论,就是向对手学习、与"敌人"共生,"让不同存在事物之间保有互相转化的调节空间"。"也就是把'相反'的力量冲突,转化为'相返'的力量共生。"这样,对立冲撞的力量才可以"冲气为和""相反相成"而完成互摄、融通、转化与升华。

总之,差异带来摩擦、竞争、对抗和斗争,但也激发了学习、适应、合作和转变。这些看似矛盾的反应是一个棱镜的多个侧面。在共同生成的宏大图景中,我们都是相互嵌入的存在,没有所谓的零和游戏。本着这种精神,人类之间、人与自然之间的竞争关系,需要在概念上重新定义为学习、适应和共同转化的过程。因此,对自然的索取、追求物质财富最大化的理念,以及经济、政治和地缘政治领域的零和思维,都应该受到质疑和修正。相反,我们应实践谦逊、自我克制、对事物的敬畏、共情、慈悲的美德,也即赖锡三所说的"柔软共生"。

共生方法论下的"个体"与"人"

当代生物共生中的"个体"

共生思想在东亚社会自 20 世纪 80 年代以来"异军突起",成为东亚各国政治、经济、文化、商业界,以及平常百姓生活中的高频词。这与现代生物学的共生(symbiosis)与共生演化(symbiogenesis)研究的推广有着密切关系。[4] 本书收录了由吉尔伯特等三位生物学家与哲学家共同完成的一篇著名论文。与现代其他理念一样,自主个体主体(autonomous individual agent)的概念也构筑了现代生物学的大厦。这一框架下的生物学围绕着微粒相互作用下的生命个体展开研究,解剖学、生理学和发育生物学中的各种标准完全是从个体的角度设定。这篇论文以"我们从未成为个体"为题,提出生命的共生观。他们从生物解剖学、发育生物学、生理学等角度挑战现代生物学研究的基石概念"个体",指出生物世界是个"充满着复杂和混合关系的世界——这些关系不仅存在于微生物之间,也存在于微观生命和宏观生命之间"。基于这些发现,"共生正在成为当代生物学中的一个核心原则,并且正在取代'个体性'的本质主义概念"。在共生框架之下,解剖学的个体同一性受到挑战,"共生总体"(holobiont)的术语被引进来描述"宿主",以及预期会持久共存的其他生物群体共同组成的生物体。引入共生视角之后,发育成了物种之间交流的问题,而共生生理学与共生演化理论也正在挑战近现代生物学中的经典假设与理论。

共生理论描绘了无处不在的多种有机体、多物种缠绕生存、调适发展的图景。这极大地启发了人文、社科、艺术工作者的想象力,挑战了人们以人类为中心,奉独立自足"个体"为圭臬,遵循非此即彼、零和竞争为行为规则的常规思维。[5] 生物中的"共生"无疑为深藏于东亚社会的关系性,以及动态的互摄、互融、互生的底层思维提供了恰如其分的现代表达。

生生论中的"人"

当代共生世界观的传统思想资源之一是"生生"理念。安乐哲把生生观

"在这种以不断变化、生成的动态关系为本的宇宙观中,二元相对的事物与能量(阴阳)其实在不断地相互关联、互通、扰动、互摄、融合与转化。"

进一步体系化，提出了生生论。他从西方哲学最根本的思考切入点——"存在"（being）出发，对比了古希腊本体论与《易经》所揭示的过程宇宙观，指出古希腊人奠定了以"存在本身"为基础的实体本体论，这个实体存在"设定了一个封闭、排他的边界和严格的同一性，使得它必然是此而非彼"。与此形成对照的是中国经典《易经》的宇宙论，它强调的是"生生不息"以及事物之间的关联性与交互性。安乐哲用希腊文的"zoe"（生）和"logia"（论）创造了一个新的概念来指称这套以生生为本的理论体系——"生生论"（zoetology）。用赵汀阳的话说，儒家的生生宇宙论"力求对万事万物所生成的关系（天与人，人与物，人与人）的协调理解，尤其重视关系的互相性或万事万物的合宜性"。[6] 在这种以不断变化、生成的动态关系为本的宇宙观中，二元相对的事物与能量（阴阳）其实在不断地相互关联、互通、扰动、互摄、融合与转化。这种宇宙观不表征最终的、固化的和排他性的分类思维。安乐哲进一步说，这个生生论中的"人"不是"以局限性、自足性和独立性被界定，而是由他们在与他人及其世界的交往中所经历的成长，生态地得以界定"。所以人并非独立自存的"存在"，而是不断将环境条件内化，不断培育与他人的关系来创造意义。安乐哲称之为人之演成（human becoming）。他总结道，"本体论是关于存在本身的科学，而生生论则是生之道（the art of living）"。

复数主体性

当代日本哲学家出口康夫的《我们转向》一文虽非拜共生讨论所赐，却体现了共生思维方法，即以各实体互摄、互连、互融、共同生成的视角来审视行动、思考、决策的"主体"。主体是我们通常认为的单数的"我"吗？出口康夫认为，按照经典现代意义定义的个体或"我"存在某些"基本、普遍的无能（incapabilities）"。例如，一个单独的"我"根本无法在没有由其他众多主体组成的系统（如道路、信号系统与交通基础设施、适宜的自然环境、他人的配合等）提供支持的情况下发动任何身体行动，更不用说完成这些行动了。出口康夫称这些支持体系为"多主体系统"。他主张我们从个体"我"转向包括"我"在内的、作为多主体系统的"我们"，于是所有的身体

共生作为方法

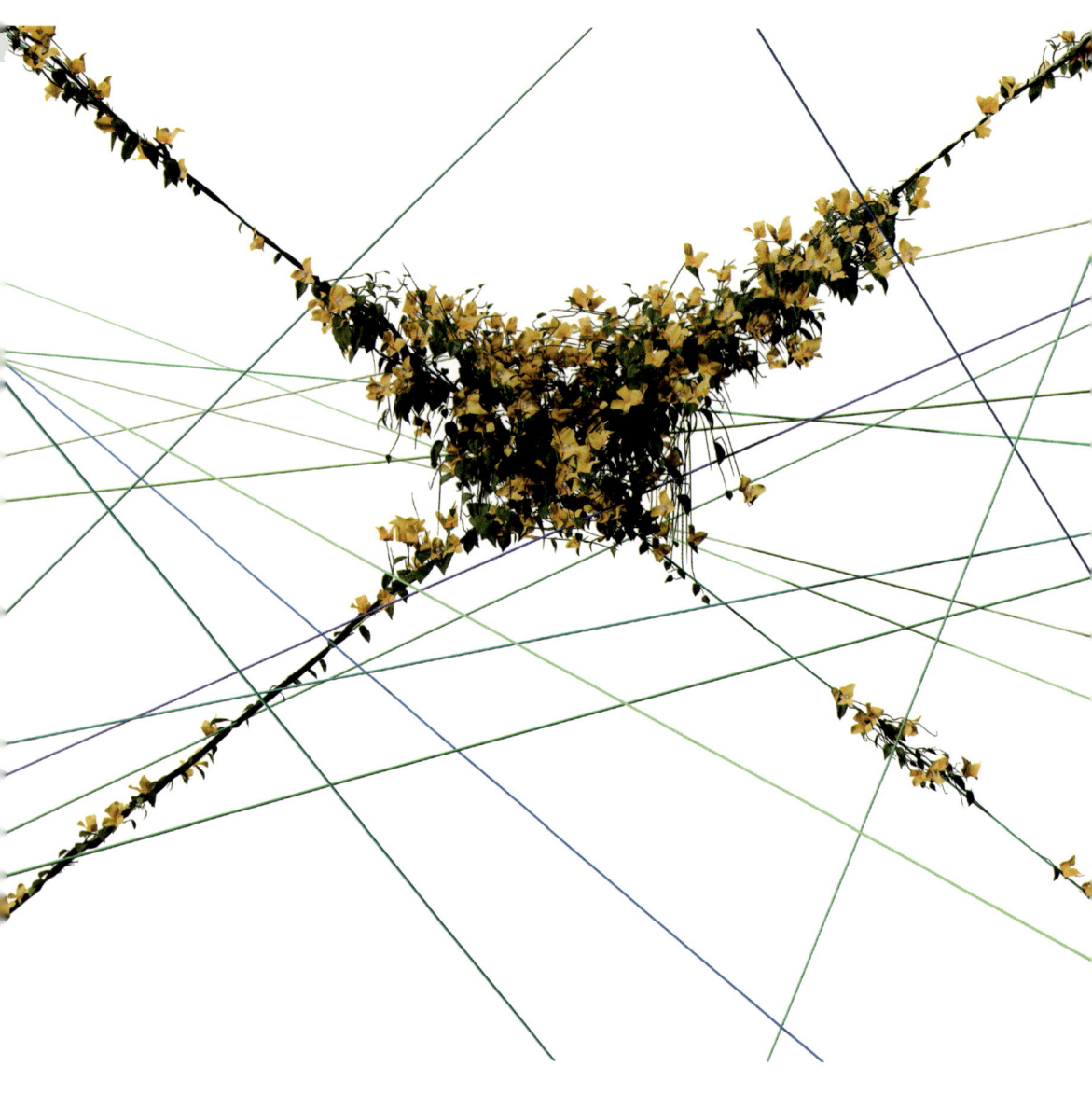

行动都是集体行动，而不是单一行动。

同样，作为身心活动一部分的心灵活动，也是由多个主体系统执行的多主体活动，这个系统既包括心灵和身体主体，也包括"身体之外的人造的、自然的和社会的主体"。于是他不无调侃地说，笛卡儿的名句或许应该改成"我们思，故我们在"。这些复合型主体体系是一个抽象的实体，作为整体没有心智或意识，但具有"因果能力或效力"，可以维持体系内的行动与运转。依此类推，出口康夫得出结论，包括身体、大脑、他者的复合主体系统才是人思维、决策等的主体。因此，出口康夫呼吁大家实施自我的"我们转向"，并提出了著名的口号"作为我们的自我"（Self as We）。这个口号已被日本电报电话公司（NTT）用作公司座右铭。

但是自我的转向并不意味着"我"的消失。"它只意味着'我'不再作为一个独立于'我们'的主体而存在，而是始终、已经、必然作为'我们'的一员而存在"，据此，独立、自主或者说"赤裸的我"只是一种"幻觉或神话"。

人的"双重本体"

当代中国哲学家孙向晨提出的"双重本体"概念，并非拜共生叙事所赐，但他的方法论与阐述则不折不扣地体现了共生方法论——异质事物之间对彼此开放、吸收和相互调适。他提出这个概念的初衷是想解决困扰现代中国人如何取舍、融通"古今中西"的观念与实践。他既反对用"进步论"将中国古代的思想资源弃若敝屣，也反对一味地强调中华文化的优越性与独特性而拒斥现代文明的精神成果。他以现代文明的核心价值"个体"为例，指出它虽然源于西方，但是它终结了（无论东西方的）传统社会对个体的抹杀，树立了个体的尊严、权利与自由。它代表了人类共享的普遍价值。但极端个人主义也激发、促成了现代社会一系列的政治、经济、社会问题，对此，中华文化的传统价值资源或许能为我们应对现代性困境提供启发。而中华文化中的核心价值"亲亲为大"则成为孙向晨构筑当代"双重本体"的另一个支柱。他指出，"家"在中国文化中具有本体论地位，在"亲亲为大"的基础上，"中国文化传统建立了一整套有关家庭、伦理、国家、历史、天下的价值观念"。

"共生世界观将促使我们认识到,人类是地球生命形式中的一种,我们之间,我们与非人类'他者'之间,我们与其他自然、社会和精神环境之间相互嵌入、交织。"

那么这两种源自不同文明的价值取向如何共构"双重本体"呢？孙向晨说二者应该"互参"——相互参照，也即"在生活世界中的相互参与以及相互检验，其过程可能有冲突，可能有互补，可能有融合，可能有超越"。在这种双重本体论下，如何理解个人？孙向晨认为，只有将经典现代对个体的理解与基本的社会结构（即家庭）结合起来，我们才能获得对人类存在的最恰当的本体论理解。他指出，"归家"是所有人类都有的道德情感，并不是东亚社会特有的。家庭结构是人类生存的最基本的社会单位，也是所有其他社会关系的起点和人文养成的首要场所。[7]因此，人必须被理解为家庭中的个体，这就是当代人的"双重本体"。

The Personal 与"我们的共生"

中岛隆博十分敏锐地观察到"共生"话语在政治、社会实践中的不同样态与场景：国家强制力下的"共生"话语体系，以及民间在大灾难后寻求恢复人与自然共生的艰难努力。在谈到人与自然共生的关系上，中岛隆博强调共生是人与人、人与自然交往、互动的关系。在这个过程中，每个人应该对他人、外物、社会保持开放。只有当我们已经是多元的，在共生关系中我们才成为共生演成的人类（human co-becoming）。在此，中岛隆博提出一个既不是私人的，也不是公共的，而是一个向多元性开放、不私自封闭的概念，我们暂且翻译为"敞开的个体"（the personal）。这个"the personal"或许是抽象的、超越的，但在经验世界里，它一定不是单数的"我"，而是多元的、融入了"他者"的实体，于是共生一定是"我们的共生"。

总之，共生世界观将促使我们认识到，人类是地球生命形式中的一种，我们之间，我们与非人类"他者"之间，我们与其他自然、社会和精神环境之间相互嵌入、交织。值得再次指出的是，这几个重新定义"个体"的例子并没有完全放弃现代"个体"的概念。以上这些思想家试图将其与东亚思想结合起来。这恰恰就是异质理念之间互摄、互融、共同生成的过程。

"共生话语确实有深厚的儒释道以及地方信仰体系的思想来源,但是至少在道、佛的语境中,追求'共生'并非目的,而仅仅是'与道合一'或'解脱觉悟'终极追求的手段。在孜孜不倦被推向外求利益、权力、影响力最大化的时代,这种把心灵修行实践作为学问一部分的努力实属可贵,且至关重要。"

共生实践：共生人文学

  韩国学者白永瑞以共生作为方法，审视现有的知识生产体系，提出融通人文与科学各学科的"具有统合性、整体性的学问"，他称之为"共生人文学"。它由各学科"共同生成、共同变化"而成，是引领"人类和非人类乃至整个生物圈"的学问。白永瑞认为，要实现共生人文学需要创造两个条件。第一个条件是有"将社会议题作为学术议题"的态度。在当下科技深度融入并重塑社会人文的时代，需要将科学技术研究等领域纳入人文学的范围之内，如

> "中岛隆博是在提醒大家关注'共生'话语被权力歪曲、滥用的危险。共生思想的前提正是共生体内部的差异，共生不是强调'同一'，而恰恰只有在差异的基础上才能形成互摄、互融、共同生成的关系。"

此才能建立具有整体视野的学问。第二个条件是对个人的"生活伦理以及对个人生活的具体关联性的反省"，他称之为"知识活动家的人生规划"。具体来说，就是"知识活动家"的"心灵修行实践"（mind practice）。在讨论这个实践时，白永瑞引入了在韩国发展起来的圆佛教（Won Buddhism）的三种治教：德治、政治与道治。道治是个新概念，在近当代主流学问中较少提及，它指"只要个体的民众到达'道人'的境界，就能自然而然地形成圆满的世界"。这是"共生人文学"治学上十分独特而有意义的一点。这提醒我们，共生话

> "如果我们从行星视角出发，重新定义竞争，将其视为学习、适应和共同转化的机会，在共生理念之下，我们或许会慢下来，走上一个更稳健的发展轨道，可以更理性地实现共同繁荣，而人类作为一个物种或许可以更长久地在地球上繁衍下去。"

语确实有深厚的儒释道以及地方信仰体系的思想来源，但是至少在道、佛的语境中，追求"共生"并非目的，而仅仅是"与道合一"或"解脱觉悟"终极追求的手段[8]。在孜孜不倦被推向外求利益、权力、影响力最大化的时代，这种把心灵修行实践作为学问一部分的努力实属可贵，且至关重要。

警惕对"共生"话语的歪曲与滥用

日本哲学家中岛隆博在他的短文中，通过几个"共生"运用场景指出，实践中"共生"不仅仅是田园牧歌式的互助、和谐、共同成长，当掺入了国家暴力和专权，"共生"话语可能流于口号，甚至是国家权力滥用的工具。中岛隆博回顾当代日本"共生"概念史时提醒我们注意，第二次世界大战期间，"共生共死"就被作为口号，胁迫与命令百姓走上战场，为军国主义政权卖命。他进一步指出，在日本，核能、核电站也被作为国家主权的基础，是"与作为国家的日本同生死的当代标志"。他以此提出一个令人深思的问题：由国家强权推动的"与国家共生"的话语体系和制度在道德上值得追求吗？回答显然是否定的。中岛隆博是在提醒大家关注"共生"话语被权力歪曲、滥用的危险。共生思想的前提正是共生体内部的差异，共生不是强调"同一"，而恰恰只有在差异的基础上才能形成互摄、互融、共同生成的关系。个人与国家之间的关系适合在共生框架下讨论吗？共生话语在什么情况下会被歪曲与滥用？中岛隆博的文章引人深思。

总之，我们生活在一个面对不断失控的复合性危机的世界之中，是时候反思并提出适合我们当下及未来全球境况的新的基础概念和理论体系。由东亚哲学塑造的共生概念可以在这方面提供些许启发。共生不仅反映了自然界广泛存在的科学事实，还为我们提供了超越掠夺性个人主义和短视人类中心主义的思想资源。它让我们质疑在经济、金融和地缘政治领域大行其道的利益"最大化"（maximization）与零和博弈的价值观体系。如果我们从行星视角出发，重新定义竞争，将其视为学习、适应和共同转化的机会，在共生理念之下，我们或许会慢下来，走上一个更稳健的发展轨道，可以更理性地实现共同繁荣，而人类作为一个物种或许可以更长久地在地球上繁衍下去。B

---

1 宋冰主编：《行星思维与共生哲学》，上海：上海科技教育出版社，2025 年；Bing Song and Yiwen Zhan, eds., *Gongsheng Across Contexts: A Philosophy of Co-becoming*（Singapore: Palgrave Macmillan, 2024）.

2 法国日本学家奥古斯丁·贝尔克（Augustin Berque）提议振兴环境学（mesology），即对环境的研究，这一学科同样挑战了二元论和经典的排中律。参见 2018 年 12 月 2 日，奥古斯丁·贝尔克于仙台举行的国际宇宙奖纪念讲座（International Cosmos Prize Memorial Lecture）上发表的论文《可持续性的环境学基础》（The Mesological Foundations of Sustainability）。

3 这一讨论也部分受到了日本灵长类动物学家山口纯一于 2023 年发表的《西田的逻辑与日本灵长类动物学的自然与文化概念》（Nishida's Logic and Japanese Primatological Concept on Nature and Culture）的启发，该文件由作者保存。

4 Kisho Kurokawa, *The Philosophy of Symbiosis*（London: Academy Editions, 1994）.

5 Caroline A. Jones, Natalie Bell and Selby Nimrod, *Symbionts: Contemporary Artists and The Biosphere*（Cambridge, MA: The MIT Press, 2023）; Kisho Kurakawa, *The Philosophy of Symbiosis*（New York, Academy Editions, 1994）; Bing Song, "What Intellectual Shift Do We Need in a Time of Planetary Risks? Inspirations from Symbiosis in Life Sciences and the Notion of *Gongsheng/Kyōsei*," in Song and Zhan 2024.

6 赵汀阳：《惠此中国——作为一个神性概念的中国》，北京：中信出版社，2016 年，第 147—148 页。

7 孙向晨：《何以归家——现代性的救赎》，《学术月刊》，2024 年第 3 期，第 20—36 页。

8 Song 2024, 28—33.

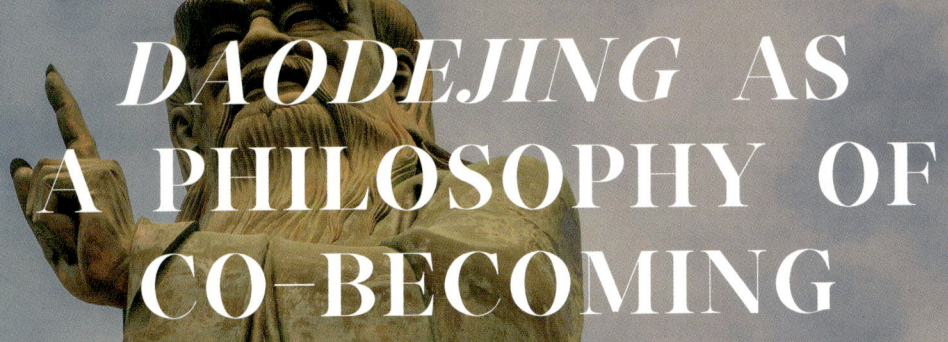

DAODEJING AS A PHILOSOPHY OF CO-BECOMING

《老子》作为一种共生哲学

为共生而承认无知，
为共生而承担柔软

赖锡三——文

老庄思想的背景，正是周文疲弊、礼崩乐坏、百家争鸣的战乱时代。时值政治秩序崩解的战乱之世，也是要求文化大规模重建的转型阶段。当周代的官方正典话语逐渐遭受挑战，终而土崩瓦解之际，政治、军事、文化等总体处境，都走向了离中心化、解辖域化的"大乱"状态。用当时的概念来说，"天下有道"堕入了"天下无道"，于是"天下大乱"。本文尝试拣择、疏解《老子》若干章句，阐发其以柔化刚、恬淡知足、无知无为的思想内涵，希望对人类难以止息的对立冲突，提供些许思考"共生"（co-existence, co-living, co-becoming）之道的哲思资粮。

释"帝"："象帝之先"的解实体化之道，可提供宗教和解的共生之道

> 道冲而用之或不盈，渊兮似万物之宗……湛兮似或存，吾不知谁之子，象帝之先。（《老子》第四章）

对于"道"的理解，第四章通过"冲而用之或不盈""渊兮似万物之宗""湛兮似或存"这三项特性来描述。"冲"兮、"渊"兮、"湛"兮，皆具水意象的流变特性，据此可以推断"道"无法被实体对象化。耐人寻思的是，第四章以"吾不知谁之子，象帝之先"来总结"道"的描述，这又暗示我们无法再为"道"的变化流行去寻找外在性、位格性的实体来作为生因。综合上述两部分，大约可以这么说，《老子》是通过"冲、渊、湛"这些暧昧不定修辞，来描述"道"的没有源头、若有若无、无始无终等"前对象化"的特质。

为何用"冲"（虚也、无也、空也）来作为描述道的核心特质？这是为了强调，最好使用否定性表达来暗示"道"的非决定性（indeterminacy）。因为一旦把"道"设想成实体般的存在，也就会把"道"给对象化成存有物，或特定化为某实体物，就像西方哲学的形上实体或基督宗教的绝对存有者"上帝"。而"冲虚"则暗示"道"的"无"之面向，以否定性修辞暗示"道"的不可实体对象化。可以说，道的"冲、虚、无"等特性，在表示人们若想要通过认识个体物、实体物的方式来掌握"道"，尤其用对象化的语言去对"道冲"进行"有封""有常"的命名指涉，其结果便会"名以定形"地把"道"给对象化、固定化，从而遗忘"道"

的"冲、虚、无"之未决定性。

"吾不知谁之子,象帝之先",其中的"不知",既意味着人对自己"无知"的承认,也意味着找不到或者不宜强索力求;而"吾不知谁之子"则进一步表示无法在"道冲、道渊、道湛"的大用流行以外,再去寻找父母般的源头来作为奠基之因,然后再把大化流行之道当作被生产或被创造出来的结果(之子)。对于"道"的大用流行,人们不但"不知谁之子",而且它还是"象帝之先"。"象帝之先"(或"帝象之先")暗示我们:道的变化流行活动,超越了上帝位格或诸神形象那一类运用宗教信仰体系所建构出来的解释模型。而《老子》不无反讽地说,"道冲、道渊、道湛"之大用流行,乃"不知谁之子,象帝之先",这正是对人们将"道"给予位格化、实体化的对象化思维,做出"解－实体化""解－奠基性"的反省转向。

从《老子》第四章来观察,因为大部分人都停留在"象帝"层次的对象化、实体化思维习惯,缺乏"象帝之先"的非对象化、非实体化的"柔性"思维,如果能对"道冲、道渊、道湛"的"未决定性",保持"未知"甚至"无知"的开放性,就比较不会把我人我族我教的"一偏知见"和"成心自师",当成普世性"常道""常名"般的"神圣帝象"来加以"刚性认同",甚至不惜为它发动圣战。可以说,"象帝之先"的柔性、敞开认同,能转化"象帝"的刚性、内聚认同,进而缓和文明与宗教的刚强冲突,打开柔软共生的调节机制。

释"一":在关系性宇宙的互联网中,共生共荣共创命运

> 昔之得一者:天得一以清,地得一以宁,神得一以灵,谷得一以盈,万物得一以生,侯王得一以为天下贞。其致之。天无以清将恐裂,地无以宁将恐废,神无以灵将恐歇,谷无以盈将恐竭,万物无以生将恐灭,侯王无以贞将恐蹶。(《老子》第三十九章)

"一",也属于《老子》思想的关键性概念,"一"和"道"也具有概念位阶的家族类似性,可用来补充说明"道"。问题在于"一"该如何理解?它和共生思想有何关联?我们将通过第三十九章的"得一"思维,来加以阐述。

> "这种深切体认'与天地并生,与万物为一'的'抱一'态度,
> 最能将自己敞开于天地万物,
> 并善于回应事物的交互作用、彼此联动的有机关系。"

得了"一",可说是得了"道",也就是参与分享了"道"。老庄之道乃"无逃乎物"的"即物之道""物化之道",一切万化(包括天、地、人、神、物),可谓浸泡遍润在道化流行之中。因此所谓的"得道""得一",也可说是敞开于"道"的遍泛流行中,如《老子》第三十四章的"大道泛兮,其可左右。万物恃之而生而不辞……衣养万物而不为主"。问题在于如何理解"得一"?

而《老子》的"天得一以清,地得一以宁,神得一以灵,谷得一以盈,万物得一以生,侯王得一以为天下贞"则告诉我们,没有孤立的天与地,没有孤立的神与谷,也没有孤立的万物与侯王。一切一切的存在样态(如天、地、神、谷、人、万物,等等),只有当它们共在共生于"一"这个浩瀚网络,并发生亲密的分享关系时(所谓"得一""致一""抱一"),才能生发丰沛的存在力量或朗现存在的充盈意义。反之,一旦存在事物自我封闭而孤立于情境,将与关系互联网络产生隔阂或疏离("离一"或"失一"),就会因为离开活水源头而渐趋荒芜枯竭。也就是说,包括天、地、人、神的任何事物,只要离开了"天地并生,万物为一"的这个一大共生网络,那么它的存活状态将难以为继。

"得一"也可呼应第二十二章"圣人抱一为天下式"的"抱一"。亦即圣人回应世界、回应事物的方式在于,他能柔软地怀抱着不断变化中的全息性关联宇宙。因为这种深切体认"与天地并生,与万物为一"的"抱一"态度,最能将自己敞开于天地万物,并善于回应事物的交互作用、彼此联动的有机关系。凡是存在,就必然是全息关系性中的有机存在,没有任何存在可以长期维持自我中心、自我孤立而片面行事。任何一味地自我伸张、自我增强、自我扩大、

> "凡是存在，就必然是全息关系性中的有机存在，没有任何存在可以长期维持自我中心、自我孤立而片面行事。任何一味地自我伸张、自我增强、自我扩大、自我高涨，早晚都要遭逢'裂、废、歇、竭、灭、蹶'的荒芜与破败。而圣人的'得一''抱一'则提醒我们，不可以自我刚强地想要支配一切关系，反而应该在关系联动的交互变化中，柔化自我来丰富彼此。"

自我高涨，早晚都要遭逢"裂、废、歇、竭、灭、蹶"的荒芜与破败。而圣人的"得一""抱一"则提醒我们，不可以自我刚强地想要支配一切关系，反而应该在关系联动的交互变化中，柔化自我来丰富彼此。而且这种柔化自我的回应模式，不只是纯然的被动性参与而已，也是迎向共同创造的主动回应性。

释"天之道"：损益均衡的两行调中，才能进行无限游戏

> 天之道，其犹张弓与？高者抑之，下者举之；有余者损之，不足者补之。天之道，损有余而补不足。人之道，则不然，损不足以奉有余。孰能有余以奉天下，唯有道者。（《老子》第七十七章）

"天之道"有其维持不断趋衡的力量原理。《老子》透过张弓的力量均衡现象，比喻"天之道"就像张弓的力量运作，需要在"损与补""有余与不足"之间，维持均匀的力量调节，既不能拉力太强而偏高（偏高之极而失衡），也不能拉力松弛而偏低（偏低之极而失衡），而是要能进行"有余者损之，不足者补之"的"调中之和"活动。而"调中"与"适中"，是为了避免事物的力量运行戏剧性地处在"过亢"与"过卑"的两极摆荡，而造成力量的失衡失谐与恶性摆荡。进一步说，更是为了促使"张中有弛，弛中有张"的"非同一性"力量，能"均匀"而"两行"地相互调节与谐和转化。《老子》就是透过张弓隐喻来比拟"天之道"，那种"两行调中"的互补互救，才能成就天道的长久

运作。

相对于"天之道"总是自然而然地进行着"损有余而补不足"的趋衡运作，《老子》则提醒我们"人之道，则不然，损不足以奉有余"，亦即"人之道"经常由于人的"自见、自是、自伐、自矜"的自我扩张，将"天之道"的适中守衡之均匀运用，朝向不足者更不足、有余者更有余的极端化发展。根据张弓的"损益均匀"的中和运作原理，这种"人之道"歧出于"天之道"的极端发展，必然会让原本可以良好运作的力量机制受到破坏，而导致运作的失效与停摆。亦即从《老子》"损有余而补不足"的"天之道"来观之，"损不足以奉有余"的"人之道"，是不可能行之久远的。就像张弓道理，力量偏向一端的一味增强，反而会加速自我折断与失败。

若联结前面的"释一"，我们可以说，"天之道"实乃展现为"天地与我并生，万物与我为一"的一大共生关系网，其中"吾人"和"万物"，实乃共在共生于"天地"这一既广大又绵密的共生互联网。而"一"则是描述"生物以息相吹""通天下一气耳"的生息与共、气化交感的"生命共同体"或"一大关系网"。换言之，"人"并非只与"物"发生外部性关系，在"人"的内部性之中早已通达于"物"。道家无意将"人"从万物中全然独立突显出来，更不希望"人之道"异化而歧出了"天之道"，成为万物的公害祸源。

释"人之道"：自我刚强与不知足，成为共生的杀手

尽管老庄经常用"天之道"来反省"人之道"的歧出与异化，但道家的终极目标并不在于完全取消人的主体性（或人文创造性），而在于强调人道对天道的体法参合，例如《老子》第二十五章有所谓"道大，天大，地大，王亦大。域中有四大，而王居其一焉。人法地，地法天，天法道，道法自然"。其中"人（王）"的大，绝不在孤立于天地之道而妄自尊大，而在于对天地之道的守护与参法。也只有"人"重新在"地大、天大、道大"之中来定位自己，"人"才能在"天人之际"的交会关系中，"知人"又"知天"地整全化自身。

问题在于，为何"人之道"歧出偏离于"天之道"？甚至极端化扭曲了天道的共生系统？这里便涉及《老子》对于"人"的进一步诊断。直指核心而言，《老

天之道其猶張弓乎高者抑之下者舉之有餘者損之不足者補之天之道損有餘而補不足人之道則不然損不足以奉有餘孰能有餘以奉天下惟有道者是以聖人爲而不恃功成而不處其不欲見賢邪

道迺能推已之有餘以奉天下是天道均平而已故損有餘而補不足人道逆天而不平惟有道者人道明於天道

有餘者損之不足者補之高者抑之四句言弓幹使之相稱也天之道損有餘而補不足人之道則不然損不足以奉有餘就能有餘以奉天下惟人後人之賢智者則自恃其有以窮拿佚樂而濟物未嘗挾以自夸也故有道之人反以其賢智逾人者則思以其賢智養己聖人爲而不恃若無能者功成而不處若無功者正不欲自見其賢也此非聖人以私意而過爲謙天道當如是爾

右第七十七章

天下柔弱莫過於水而攻堅強者莫之能勝其無以易之

凡物之柔弱者莫過於水然以之攻堅強者皆受其攻而莫之能勝則天下之物能以易水也

弱之勝強柔之勝剛天下莫不知莫能行是以聖人云受國之垢是謂社稷主受國之不祥是謂天下

右第二十四章

有物混成先天地生　寂兮寥兮獨立而不改周行而不殆可以為天下母

吾不知其名字之曰道強為之名曰大

大曰逝逝曰遠遠曰反

故道大天大地大王亦大域中有四大而王

子》认为"人之道"未能体法"天之道"的关键,在于人形成了一连串以"自我"为中心的思维认知惯性和欲望推扩模式,正是这种"自见、自是、自伐、自矜",让"人"形成人类中心主义、自我中心主义,并由此遮蔽了"天地并生,万物为一"的共生之道,甚至恶化成为他人与万物的伤害之源。对于"人之道"背后的这种"自我"状态,可以《老子》第二十四章和第二十二章来观察分析:

> 企者不立;跨者不行;自见者不明;自是者不彰;自伐者无功;自矜者不长。其在道也,曰:余食赘行。物或恶之,故有道者不处。(《老子》第二十四章)
> 是以圣人抱一为天下式。不自见,故明;不自是,故彰;不自伐,故有功;不自矜,故长。(《老子》第二十二章)

第二十四章是从批判面来看"自见、自是、自伐、自矜"的"四自"限制,它会造成"不明、不彰、无功、不长"等弊端。第二十二章则从修养"四自"转化为"四不自",来谈"不自见、不自是、不自伐、不自矜"的效益,其益在于开启"(互)明、(互)彰、(互)功、(互)长"的双向成全。可以说,第二十二章是从积极面来谈"不自见、不自是、不自伐、不自矜"的开显性,第二十四章是从消极面来谈"自见、自是、自伐、自矜"的遮蔽性。总而言之,第二十四章是从反思的角度,批判过于自我中心的观点、评价、行动、感知,容易导向"自我观之"的单边主义之扩张与膨胀,因而无法回应关系性中的多元差异之他者存在,所以也就无法走向双向照明、双向开显、双向促成、双向滋长的共生之道。

释"损":无知无我的减法修养,敞开与他者共生的余地

对于这种减损自我、承认无知、包容接纳的修养,涉及《老子》"为道日损"和"以柔化刚"的共生之道。下面先解释"为道日损"的自我转化之修养:

> 为学日益,为道日损。损之又损,以至于无为。无为而无不为。取天下常以无事,及其有事,不足以取天下。(《老子》第四十八章)

"为学"是以"自（我）"为中心的"有为"积累，属于"日益"的增益模式。但《老子》对"为学日益"的反省，主要不是从经验知识的扩充来讲，而是从它的"自见、自是、自矜、自有功"的自我中心化的增强来反省。因为"自以为知"的争强好胜之刚强主体，最容易"自是非他"，而将立场差异导向恶性竞争，所以《老子》才会激进地反省自恃刚强、争胜扩张的危险性。《老子》并不是简单地否定知识，而是要反思"为学"背后的自我"日益"状态。并从"为道"的修养角度来看，反讽过分刚强的自我中心，就像第二十四章所谓"其在道也，曰：余食赘行"那样，宜舍而不宜久留。"为道"的功夫修养主要不在于否定知识，而在于要"日损"自以为是、自以为知的自我膨胀。也就是把"余食赘行"的过剩自我，给予"损之又损"。

　　从"为学"转向"为道"，关键在于如何从自我加法的"益之又益"，转向自我减法的"损之又损"。如前所述，《老子》的"道"乃"生而不有，为而不恃"，"道"只是"不禁其性，不塞其源"地让开自身，给予万物自生自长的最大空间。不支配、不主宰的"无为"之道，"莫之命而常自然"地给予万物最大生机，正所谓"无为"却能成全"无不为"的妙用。所以《老子》第四十八章强调"无为而无不为"，以"无为"（无事）来任让天下，而不是"有为"（有事）去宰制天下。最后需提醒的是，"取天下常以无事"的"取"，不是"藏天下于一己"的私藏私取，而是"藏天下于天下"的不藏不取。一旦违反"无为""无事"而异化成为"有为""有事"，那么"以无事取天下"，将堕化为有心有为的权谋之术。因此《老子》要再度强调"及其有事，不足以取天下"。

释"柔"：为彼此的共生而承担柔软

　　《老子》的"逆向""柔弱""减法""后退"等反向思维方式，不是建立在"手段－目的"的权术架构下的谋略运用，而是深刻体察到事物"相反相成"却又"一体联动"的存在道理。所以第二十二章也强调"圣人抱一为天下式"，其中的"抱一"意味着：生命没有独自存活这回事，存在必然要与万事万物彼此环抱、圆环共舞，相互构成"天地与我并生，万物与我为一"的命运共同体。所以《老子》

的"减法"或"后退"思维,其实是建立在"抱一""体一"的一大关系网络中,以关系联动来思考处境中的伸缩之道、进退之道、损益之道。因而这样的活动,是迂回的柔软之道,而非自我尊大的刚强之道。"柔软"并不是软弱或脆弱,而是为共生而承担柔软的实践修养。正是这种"保留转圜"的余地哲学,让《老子》提出了"逆向思维"和"柔弱思维"。这种"逆向"能让自我中心的单向道,被转化为关系性的两行之道;这种"柔弱"能让孤立性的独我增强,被转化为包容性的共生之道。这种"夫唯不争"的柔软,不以刚性思维的增强模式去"争胜""争霸",反而实现了"天下莫能与之争"的自然效益。对于《老子》来说,绝非因为我"刚强"才形成"天下莫能与之争"的局面,而是因为我"柔软"而放下"自见、自是、自伐、自矜"的相争相强,才留给其他事物宽广的余地,因而能够促成共生共长的最大繁盛。

> 天下之至柔,驰骋天下之至坚。无有入无间,吾是以知无为之有益。不言之教,无为之益,天下希及之。(《老子》第四十三章)

第四十三章的"天下之至柔,驰骋天下之至坚",其中的"至柔"(或柔弱),对照于"至坚"(或刚强),主要是就人的主体或自我状态而为言。"至坚"或"刚强"的自我,总是表现出"自见、自是、自伐、自矜、自有功"的刚强意志,也就是说,这种以自我为中心的意志状态,充斥着争胜、主宰、控制的强烈欲望。而"至柔"或"柔弱"的则是修养出"不自见、不自是、不自伐、不自矜、不自有功"的虚心怀柔,也就是转化"相争"为"共生",转化"控制"为"任让"。也就是说,"柔弱(至柔)"是把主宰意志给予虚心弱志,转而因循于彼此共在的关系脉络,以寻求共生之道。

《老子》所以强调"柔弱胜刚强"或"天下至柔驰骋天下至坚",重点并不在于权谋地使用柔性策略来战胜强者,因为这种理解仍然陷入"柔"与"强"相争的输赢逻辑。究其实,《老子》不是要刻意使用"柔弱"去打败"刚强",而是因为"刚强"的"至坚"主体,源自主宰性意志或强制性的欲望,因此其自身终不可能长久而导致自败自散。在《老子》看来,没有任何个人意志可以控制一切,没有任何事物状态可以维持不变,自然总是依随情境转化而不断示

"这种'逆向'能让自我中心的单向道,被转化为关系性的两行之道;这种'柔弱'能让孤立性的独我增强,被转化为包容性的共生之道。这种'夫唯不争'的柔软,不以刚性思维的增强模式去'争胜''争霸',反而实现了'天下莫能与之争'的自然效益。"

现"非－常道",这将使得人们依其"自见、自是、自伐、自矜"的主宰欲所想要勉强维持的"常道",必遭"反讽"而自我解构,并且再度敞开于四通八达的无常、无封之道。可以说,想要终极解决一切、控制一切的(自我)"刚强",反而会放大显示自身的脆弱和漏洞。只有因循变化而向各种可能性敞开的(无我)"柔软",才能欣纳变化、随遇而安、调适共生。

释"反":向对手学习,与敌人共生

> 反者道之动,弱者道之用。(《老子》第四十章)

《老子》所谓"反者道之动"的"反",其实同时包含"相反"与"相返"之"玄同"义。"相反"与"相返"并非两种截然不同的运动模式,而是同一运动中"既异又同"的吊诡玄同关系。对于老庄来说,世界所以能永续地生成变化而无所终穷地成就"道之动",乃在于"有无玄同""阴阳冲气"的"相反又相返"之玄妙运作。亦即"反者道之动",既表示阴阳气化之间的"相反又相成",也暗示有无之间的微妙玄通的可转换性。如前所言,"相反又相返"的力量运作模式,不只呈现在"天之道"这种宏观宇宙(遍化在万物中)的运作中,其实也呈现在"人之道"的微观自我的运作中。它们共通的基本原理就在于:不要让相反的力量各自往极端化一边去自我增益,而是应以适宜的方式,将外围境遇的差异性力量(包括不同方向甚至相反方向的力量)"冲气为和"地调节起来,以形成一种内部有差异却多元并生的吊诡状态,也就是一种"两行调中""均匀适中"的力量运作模式。

《老子》善于体察天道／人事之"均衡"消息与机微。事物一旦向极端化的一边摆动太过,则"物极必反"(反者道动),其中必同时隐含反向动势(以求重新趋衡)之机微。对于《老子》而言,这些"物极必反"的众多现象,一再反映出"反者道之动"的吊诡运动与均衡之理。因而提醒我们,宜对事物活动所体现的反势运动(道之反动)保持精微敏锐的觉察(微明)。

"反者道之动",并无任何神秘之处,绝非天道为了惩罚人们而刻意使强盛事物衰败,而只是天道变化(事物力量变化)自然而然之趋衡现象。因此对《老

"究其实,《老子》不是要刻意使用'柔弱'去打败'刚强',而是因为'刚强'的'至坚'主体,源自主宰性意志或强制性的欲望,因此其自身终不可能长久而导致自败自散。在《老子》看来,没有任何个人意志可以控制一切,没有任何事物状态可以维持不变,自然总是依随情境转化而不断示现'非-常道',这将使得人们依其'自见、自是、自伐、自矜'的主宰欲所想要勉强维持的'常道',必遭'反讽'而自我解构,并且再度敞开于四通八达的无常、无封之道。可以说,想要终极解决一切、控制一切的(自我)'刚强',反而会放大显示自身的脆弱和漏洞。只有因循变化而向各种可能性敞开的(无我)'柔软',才能欣纳变化、随遇而安、调适共生。"

子》来说，从"反者道之动"所释放出的共生思想，就是让不同存在事物之间保有互相转化的调节空间，千万不要迷信自我力量的一味增强，而导致力量之间的极端"相反"，而是给对方留下余地。因为留给别人余地和留给自己余地，也就是把"相反"的力量冲突，转化为"相返"的力量共生。这也是《老子》第九章所再三强调的：

持而盈之，不如其已。揣而锐之，不可长保。金玉满堂，莫之能守。富贵而骄，自遗其咎。

另外可补充，《老子》书中充满着"正言若反"的思维方式。例如原本属合于"天之道（损有余而补不足）"的"正言"，由于世俗之人沉溺"人之道（损不足以奉有余）"，深陷自我刚强而积重难返，反而对柔软共生的"天之道"，觉得刺耳而不可思议，误认为"反言"。《老子》欲使人们逆转"人之道"重返"天之道"，以便将"人之道"的颠倒给再颠倒，将"人之道"的逆向给再逆向，如此"反反"期能"返正"，此乃"正言若反"之吊诡修养义。

结论：无知与幽默，提供了平坦厚实的共生平台

"塞翁失马"这个成语来自《淮南子·人间训》的一则故事。这则故事的核心哲理在于"祸福之转而相生，其变难见也……故福之为祸，祸之为福，化不可极，深不可测也"。显然故事背后的哲理，完全相映并改写自《老子》第五十八章："祸兮福之所倚，福兮祸之所伏。孰知其极？其无正！正复为奇，善复为妖。人之迷，其日固久。"

故事主角塞翁，面对眼前"一时失马"或"一时得马"，他的认知与情绪和一般人显然大异其趣。对一般人，眼前的"失马"是明显不过的"祸"，眼前的"得马"是明显不过的"福"。而且在一般的认知里，一件事的"福"与"祸"，既能够明确区分，也可以明确认定。然而从老庄的哲理看来，"福"与"祸"的明确二分与绝对定性，反映出人们沉迷已久的偏见。所谓"人之迷，其日固久"，正是对这种认定祸福之间有明确界线、有明确定性的"绝对标准"（所谓

> "其对每一个表面看似清晰、简单的事件或立场，
> 都能够保持'化不可极，深不可测'的开放性，
> 因此产生一种'永不遽下定论'的放松感与幽默感。
> 因为每当遽下定论，没多久就会观察到
> '正复为奇，善复为妖''福之为祸，祸之为福'的自我矛盾与反讽。"

"正"），所给予的反讽。这种"反讽"表现在塞翁失马故事叙述里的有趣发展：一事件联结延伸到另一事件，甚至我们可由此推演，事件与事件之间具有辗转相因又连环相扣的暧昧关系。可以这么说，任何"事件"的内部都必然有待于外在的敞开与联结，或者说，任何的内在性都必然依待于外在他者性深藏其中。因此，当事件被放在时间历程和空间绵延的"化"（事物不停转化）的角度来观察时，身为极其有限的观测者"人"，对事件是祸、是福、是善、是妖的任何判断，都未免提前"太武断"，太过认真地想要"统一"事件的"不一致性"，太过严肃地想要"终结"事件的"未完成性"。

正是这种如实面对事件"正复为奇，善复为妖"的"转而相生，其变难见"的实情，使得《老子》（故事中的塞翁）勇于承认自己的"无知"，并且不敢于遽下定论，更不敢于提出终极解决问题的绝对常道。《老子》这种"孰知其极"的承认"无－知"，与其说是一种"消极"立场，不如说是一种"幽默"态度。其对每一个表面看似清晰、简单的事件或立场，都能够保持"化不可极，深不可测"的开放性，因此产生一种"永不遽下定论"的放松感与幽默感。因为每当遽下定论，没多久就会观察到"正复为奇，善复为妖""福之为祸，祸之为福"的自我矛盾与反讽。

《老子》所说的"祸兮福之所倚，福兮祸之所伏"，福与祸都不是一定永定的事件本质，两者都因循故事脉络而"滑疑"未定。祸福相依，彼是不定，这个时候的"无－知"，转化了自以为"知"的固定之福之祸之是之非的"定见"与"偏执"。这种"无－知"的领悟，会对人们所笃定的严肃之道、偏执的终

极解决，给予极大的能量释放，提供宽广的共生平台。然而"幽默"虽然看似带有"宽容"味道，但宽容还是过于严肃，而且可能还以"我"作为能给予宽容的主体。而幽默则是先领悟自身的彻底"无-知"，先看到自己同样不能免于"朝四暮三，朝三暮四"的可笑，因此先释放了自我对事件的绝对裁判与严厉谴责，转而对自己和他人同样"无知却又自以为知"，保持着幽默以对的兴味与宽松。正是这种对自我与他人都平等地宽和以对、从容以待，能为人类搭起一座最平坦、最厚实的共生平台。B

原载《商丘师范学院学报》2023 年第 2 期，有删节。

赖锡三 台湾中山大学文学院院长、中文系特聘教授。

A SYMBIOTIC VIEW OF LIFE
WE HAVE NEVER BEEN INDIVIDUALS

生命共生观
我们从未成为个体

斯科特·F. 吉尔伯特　扬·萨普　阿尔弗雷德·I. 陶伯——文
杨军洁——译

"随着人们逐渐理解植物和动物都是由活的'细胞'构成的,一个整合了生理过程和解剖单位的生物学新方向迅速发展起来,但这些细胞仍然被理解为一种能构建和维持单一生物体的主体,而单一生物体反过来又需要维持细胞的自主性和完整性。"

近代早期出现了"独立公民"这一概念；与之相对应，自主个体主体（autonomous individual agent）的概念也构建起了生物学的框架，这一框架下的生物学围绕着微粒相互作用下的生命实体展开研究（Taylor 1989）。解剖学、生理学和发育生物学中的各种标准完全是从个体的角度设定的，达尔文的生命观也将竞争的单位确定为具有共同祖先的个体集合。随着人们逐渐理解植物和动物都是由活的"细胞"构成的，一个整合了生理过程和解剖单位的生物学新方向迅速发展起来，但这些细胞仍然被理解为一种能构建和维持单一生物体的主体，而单一生物体反过来又需要维持细胞的自主性和完整性。直到19世纪下半叶生态学的出现，有机系统补充了生命科学中基于个体的概念，而有机系统则由处于合作和竞争关系中的个体所组成。

生态学也发展出了很多关于个体与系统的复杂表述，在这些表述中，技术成为刻画生命过程的重要部分。我们只能感知技术所能触及到的那部分自然。同样，我们关于自然的理论也受到了技术的高度限制，技术决定了我们能够观察到哪些东西。但是，理论和技术是相互作用的：我们构建那些我们认为非常重要的技术，这些技术能帮助我们从特定的角度研究自然。例如，显微镜的研制向我们揭示了细菌、原生生物和真菌所处的微生物世界，而我们过去对这一世界一无所知；这种仪器的发展进一步帮助我们发现了亚细胞器、病毒和大分子。聚合酶链反应、高通量RNA分析和下一代测序等新技术的出现，大大改变了我们关于地球生物圈的概念。这些技术不仅给我们揭示了一个更具多样性的微生物世界，而且这种多样性的程度远远超乎我们之前的想象。此外，这些技术还让我们认识到了一个充满着复杂和混合关系的世界——这些关系不仅存在于微生物之间，也存在于微观生命和宏观生命之间（Gordon 2012）。这些发现深刻地挑战了过去人们所普遍接受的"个体"观。共生正在成为当代生物学中的一个核心原则，并且正在取代"个体性"的本质主义概念。共生概念与更宏大的系统方法相契合，而这种方法正在把生命科学推向不同的发展方向。这些发现引导我们走向对自我/非我、主体/客体二分法的超越，而这种二分法正是西方思想的典型特征（Tauber 2008a, b）。

这种重新定位的工作，对于微生物学或植物学来说并不少见。在原生生物的世界里，存在着大量的遗传共生现象，即获得性共生体的遗传现象。在微

共生作为方法

"在动物科学中我们发现了动物也是许多物种共同生活、发展和进化的复合体。整个动物界中普遍存在着共生关系，这一发现从根本上改变了孤立的个体性这一经典概念，物种之间的互动关系模糊了生物体的边界，也模糊了关于同一性的基本概念。"

生物的世界里，你完全可以从字面上去理解"人如其食"（you are what you eat）这个俗语。在植物学中，根瘤菌（rhizobia）、菌根（mycorrhiza）和内吞真菌（endocytic fungi）的发现挑战了自主个体（autonomous individual）这一概念。尽管如此，由于微生物共生体在动物进化中发挥的作用难以得到考察，因此动物学家们在很长一段时间内都对生物体持一种更为个体主义的观点（Sapp 1994, 2002, 2009）。我们在这里想要向各位读者报告的是，在动物科学中我们发现了动物也是许多物种共同生活、发展和进化的复合体。整个动物界中普遍存在着共生关系，这一发现从根本上改变了孤立的个体性这一经典概念，物种之间的互动关系模糊了生物体的边界，也模糊了关于同一性的基本概念。

我们希望通过这篇综述达到的目的是：对能够证明动物是多个物种共同生活的共生复合体的数据进行概述，说明彻底的共生观点如何开辟了重要的研究领域，提供了关于生物体的全新概念，并探讨这些新证据对生物学、医学和生物多样性保护的意义。

个体性的标准

如果共生现象被视为通则而不是例外，生物学将会是什么样的？如果物种之间的密切合作是进化的一个基本特征，哪些科学问题会变得至关重要？这将如何改变我们对生命的看法？如果所有的生物都是嵌合体，真正的单基因个体并不存在，"个体选择"（individual selection）究竟意味着什么？

"个体"一词在生物学中有许多种用法。个体可以从解剖学、胚胎学、生理学、免疫学、遗传学或进化生物学等方面进行定义（参见 Geddes and Mitchell 1911; Clarke 2010; Nyhart and Lidgard 2011）。然而，这些概念并不是完全相互独立的。

共生作为方法

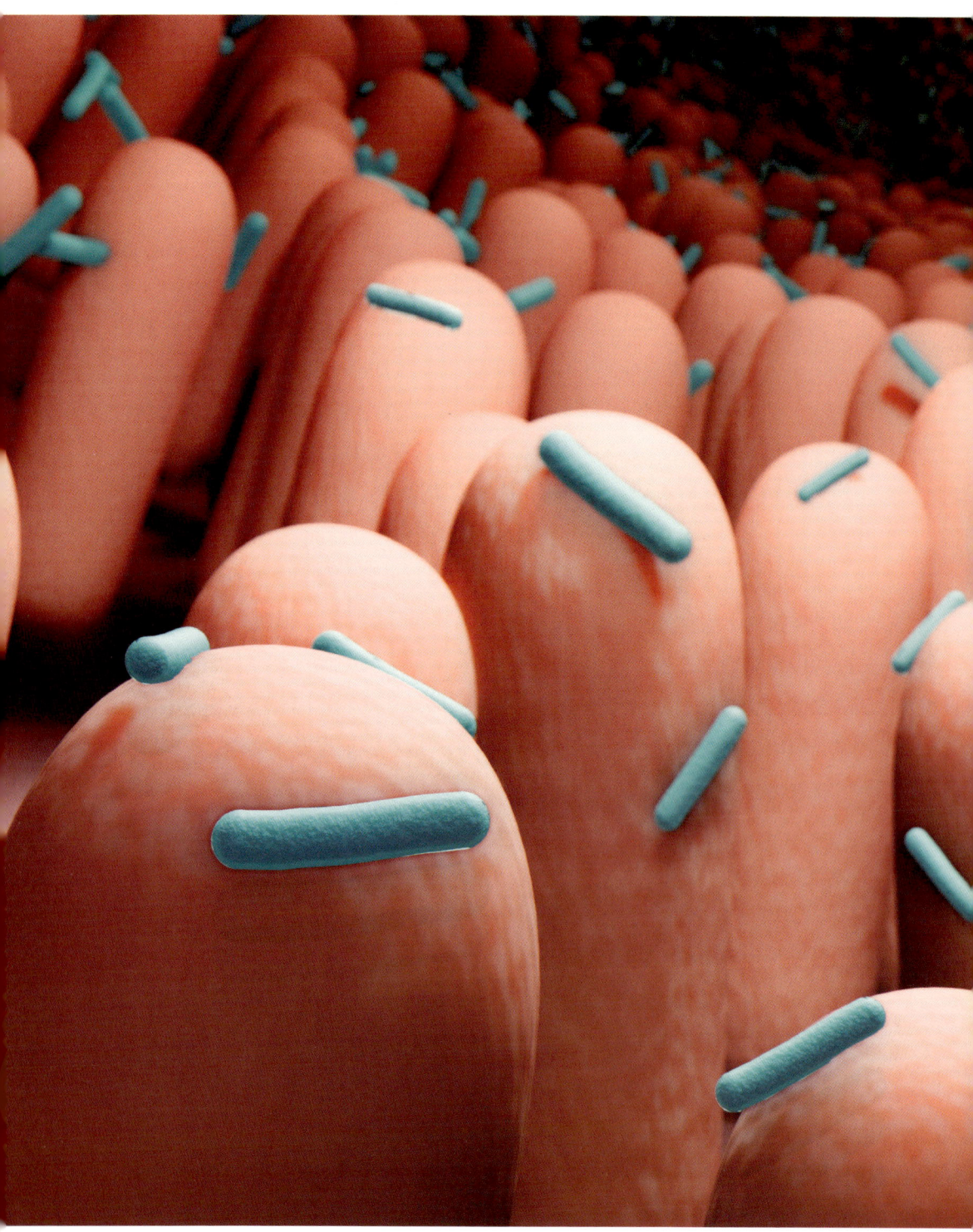

生命共生观

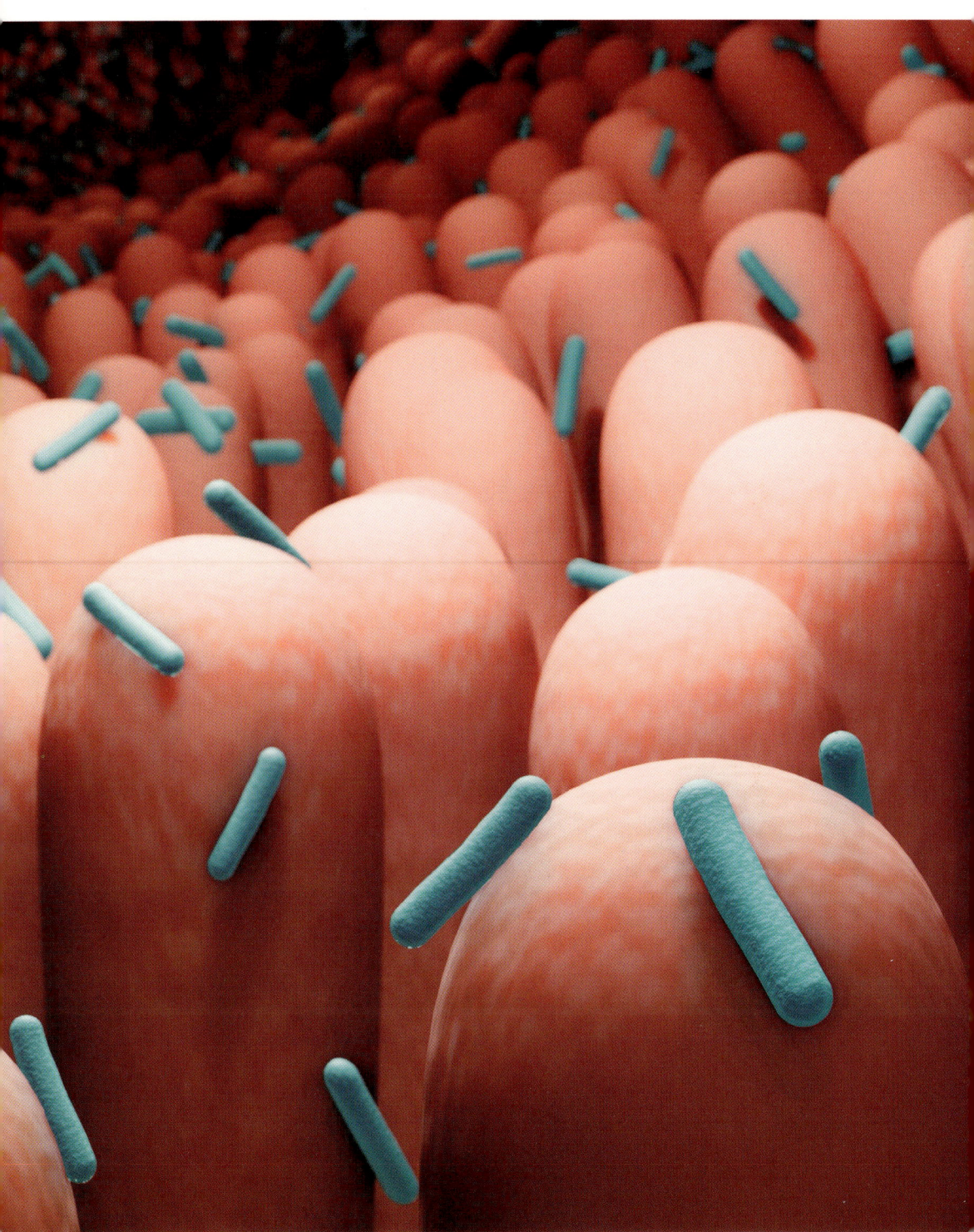

而这些关于个体的定义表述得也并不十分清楚。事实上，即使在今天的生物学中，我们也没有一个定义去说明是什么构成了个体生物体。不过，这些定义都蕴含着基因组个体性这一共同信条，事实上这些不同学科中关于个体的定义也都起源于这个共同信条。这个信条就是：一个基因组，一个生物体。因此，所有关于个体的经典概念，都可以被普遍存在的共生现象这一证据所质疑。

解剖学的个体性

在解剖学上，动物个体被认为是一个结构化的整体。然而，来自聚合酶链反应（PCR）的研究结果显示，动物与许多细菌和其他微生物"物种"共享自己的细胞和身体。在一些海绵中，其生物体体积的近40%是由细菌所组成的，而这些细菌在宿主的代谢中作出了显著的贡献（Taylor et al. 2007）。藻类共生体，即共生藻（*Symbiodinium*），为其宿主珊瑚提供的所需营养物质高达60%（这里所使用的术语"宿主"是从传统意义上来讲的，指的是"共生体"所在的那个较大的真核多细胞生物）。当很长一段时间内海面的温度持续上升时，这种共生体就会受到破坏,珊瑚就会被"漂白"。它们会因为失去藻类共生体而死亡。类似地，我们称为奶牛的实体是一种具有复杂肠道共生体生态系统的生物体，它们的肠道里充满着由纤维素消化细菌、纤毛原生生物和厌氧真菌所组成的多样群落，这一生态系统能提供给我们关于奶牛解剖结构的一些信息，确定奶牛在植物消化方面的生理学机制。这一生态系统还能调节奶牛的行为，并最终会决定这一物种的进化方向（Kamra 2005）。

除远古时期出现的线粒体共生现象这一遗迹之外，成千上万的细菌"物种"（它们本身也都是基因复合体）与我们自己的真核细胞密切相关。据估计，构成我们身体的所有细胞中，有90%的细胞是细菌（Bäckhed et al. 2005; Ley et al. 2006），这一事实颠覆了我们从解剖学角度对个体同一性的简单理解。宏基因组测序（Qin et al. 2010）的结果已经表明，每个人的肠道都与超过150种细菌建立了持久性的伙伴关系，在人类的肠道微生物群中存在着大约1000个主要细菌群。这个共生宏基因组包含的基因组数量大约是人类真核细胞基因组的150倍。这还不包括存在于人类呼吸道、皮肤、口腔和生殖孔中的共生体。

达尔文白蚁（*Mastotermes darwiniensis*）是一种分布于澳大利亚北部的白蚁，这种白蚁或许可以被称为嵌合个体的"招牌式生物"。工蚁会吞食木材，纤维素在它们的内脏中进行消化，为建造复杂的地下巢穴提供原料。但是，托马斯（Lewis Thomas, 1974）、马古利斯（Lynn Margulis）和萨根（Dorion Sagan）（2001）曾提出过这样一个问题：个体生物体是由什么构成的？当蚁巢是物种的生殖单位时，工蚁怎么能被认为是个体呢？工蚁甚至不能在没有混毛虫（*Mixotricha paradoxa*）这一肠道共生体的情况下消化纤维素，而混毛虫本身又混合了至少5个其他物种的基因。根据解剖学的标准，人类和任何其他生物体都不能被视为个体。为了理解这种复杂性，"共生总体"（holobiont）这一术语被引入解剖学中，用来描述由宿主元素以及与其持久共存的共生体种群共同组成的生物体（Rosenberg et al. 2007）。

发育生物学的个体性

从发育的视角来考察动物个体性，这一观点最初是由赫胥黎（Thomas Huxley）在他发表的演讲《论动物个体性》（Upon Animal Individuality）中提出的（Huxley 1852）。作为生物学个体性解剖学版本的变体，赫胥黎提出的动物个体被理解为从一个卵子到另一个卵子的过程。然而，有证据表明，我们所理解的"个体"是由动物细胞和微生物所组成的聚生体（consortium）发育而来的，这恰恰证明了发育的个体观是错误的（McFall-Ngai 2002; Gilbert and Epel 2009; Fraune and Bosch 2010; Pradeu 2011）。事实上，脊椎动物和无脊椎动物的发育（尤其是在幼体和胚胎后期的发育阶段）都与微生物有着非常密切的关系。

在某些情况下，共生关系可能会变成寄生关系，即一个生物体受益于另一个生物体。例如，欧洲蓝蝴蝶（*Maculinea arion*）的发育要求雌性在百里香植株上产卵。然而，欧洲蓝蝴蝶的幼虫并不以百里香为食。虫卵会落到地上，并释放出一些挥发性的化学物质，用来模仿一种红蚁（*Myrmica sabuleti*）幼虫的气味。巡逻中的红蚁会误以为蝴蝶的幼虫是自己的后代，就会把它们带进蚁巢。一旦蝴蝶幼虫和蚂蚁幼虫待在一起，工蚁就会喂养这些毛毛虫，而毛毛虫最终会吃掉那些小蚂蚁，为化蛹做好准备。它会在蚁群中经历变态过程，并最终以

共生作为方法

成虫的形态离开蚁群（Thomas 1995; Nash et al. 2008）。这种生命周期共生现象在海洋无脊椎动物中也时有发生，幼虫在何时何地开始在宿主那里定居并进行变态发育，往往需要食物来源的提示。

共生生物对于宿主完成生命周期也十分重要。例如，在寄生蠕虫中，细菌对胚胎发育和蜕皮至关重要（Hoerauf et al. 2003; Coulibaly et al. 2009）；在蝾螈的发育过程中，卵冻上的共生藻为斑纹钝口螈胚胎的生存提供了所需的氧气（Olivier and Moon 2010; Kerney et al. 2011）。

在许多生物体中，特定器官的发育取决于共生体发出的化学信号（Douglas 1988, 2010）。例如，一种寄生蜂（*Asobara*）的卵巢如果接收到其共生体沃尔巴克氏体（*Wolbachia*）缺乏的信号，就会启动细胞凋亡程序（Pannebakker et al. 2007）。夏威夷短尾鱿鱼（*Euprymna scolopes*）的幼体在出生时缺少发光器官，只有当这种鱿鱼的腹侧上皮细胞吸收了一种发光细菌（费氏弧菌，*Vibrio fisheri*）之后，鱿鱼和细菌之间的合作才会使鱿鱼发育出这种会发光的器官（McFall-Ngai et al. 2012）。没有这些细菌，器官就不能发育。

小鼠的免疫系统和消化系统的发育也离不开肠道细菌（Ley et al. 2006, 2008; Lee and Mazmanian 2010）。对于那些在"无菌"条件下繁育出来的无共生体的小鼠，其肠道中没有足够多的毛细血管，肠道中相关淋巴组织发育不良或缺失，T细胞库减少，这些情况导致它们会出现免疫缺陷综合征（Stappenbeck et al. 2002; Rhee et al. 2004; Niess et al. 2008; Duan et al. 2010）。在斑马鱼中，微生物（通过经典的Wnt路径）调节肠道干细胞的正常增殖。没有这些微生物共生的斑马鱼，它们的肠道上皮细胞较少，缺乏杯状细胞、内分泌细胞和特有的肠道刷状缘酶（Rawls et al. 2004; Bates et al. 2006）。

微生物共生体似乎是所有哺乳动物生命周期中正常而必要的一部分，一旦羊膜破裂或婴儿开始吮吸或拥抱时，它们就会获得微生物。这些微生物在肠道中定居，并在新生儿的肠道中诱导适当的基因表达（Hooper et al. 2001）。在小鼠和斑马鱼的内脏发育过程中，有数百个基因需要依赖细菌共生体才能被激活（Hooper et al. 2001; Rawls et al. 2004）。哺乳动物及其肠道细菌的共同进化，实际上导致了发育信号从动物细胞"外包"给了微生物共生体。因此，共生体就这样被整合进了动物发育的正常网络中，与它们"宿主"的真核细胞之间发生

相互作用（Gilbert 2001, 2003; McFall-Ngai 2002）。发育就成了物种间交流的问题。因此，从发育生物学的角度来看，我们并不是个体。

生理学的个体性

自从米尔恩－爱德华兹（Henri Milne-Edwards, 1827）和洛伊卡特（Rudolf Leuckart, 1851）的经典著作发表以来，生理学的动物个体观认为，生物体是由为了整体利益而合作的各个部分所组成的。随着动物组织的复杂化，各器官之间的分工也越来越细化。这一想法源自亚当·斯密（Adam Smith）的理论，即复杂社会中的社会经济发展是劳动分工的结果（Limoges 1994）。在后达尔文时代，这种关于生物体的个体主义观点延伸到了关于细胞组织的理解，并投射到生物体是由细胞间关系所形成的这一认识上。因此，所有复杂组织都是生存竞争的结果，它们通过分工不断提升生物体的整合程度（Sapp 1994, 2003）。这一经典概念背后有一个共同的假设，即所有生物体都来自一种种质（germplasm），即受精卵。

然而，与这一经典概念相去甚远的是，虽然我们目前拥有的证据还很少，但是还是有越来越多的证据表明，这种生理上的分工也可以通过不同物种的共同生活来实现。例如，19世纪后期，我们发现了具有双重性的地衣、在兰花和森林树木根部生长的真菌、豆类根瘤中的固氮细菌，以及在半透明刺胞动物细胞内生活的藻类。20世纪初，我们发现了微生物可以获得昆虫卵中的遗传物质并发生形态变化，但这对于其宿主来说没有明显的致病作用，这进一步表明了两种生活距离较近的生物如何共享各自的生理特征（Buchner 1965; Sapp 1994）。

尽管如此，我们现在所拥有的微生物之间以及微生物与动物之间密切互动的证据仍然较少。微生物感染赋予宿主生命特性的证据，也无法与疾病的细菌理论所取得的巨大成功及其重要性相抗衡。事实上，微生物感染是由致病的"细菌"导致的，这使得人们把微生物定义为"人类的敌人"。由此一来，人类和微生物就成了对立的双方。

新观点，新问题

共生体对动物发育、健康和稳态是至关重要的，这一理解给我们带来了"新"问题，并为我们开辟了新的研究路径。在进化生物学中，我们需要对微生物多样性方面的理解展开更多研究，以揭示微生物彼此之间以及微生物与动物宿主之间的复杂关系。细菌共生体及其动物宿主的进化仍然是一个尚未得到充分研究的领域，这对于进化生物学、医学和农学来说都是非常重要的课题。

在过去 10 年中，沃尔巴克氏体内共生体研究领域的发展就是一个很好的例证，这充分体现了我们了解这些领域中共生关系的重要性。沃尔巴克氏体通过多种昆虫和线虫卵的细胞质进行性传播。它们有各种影响生物体的方式，从互惠到寄生不等。它们会引起细胞质不亲和性和孤雌生殖，并能将雄性后代转变为雌性，以增强自身的传播和繁殖能力（Werren 2005）。分子系统发育分析还表明，沃尔巴克氏体向宿主基因组进行水平基因转移的现象非常普遍（Dunning Hotopp et al. 2007）。沃尔巴克氏体对于我们理解快速的物种形成过程至关重要，还能让我们了解与昆虫和线虫共生的丰富的物种多样性，以及帮助我们控制昆虫导致的病虫害（可参见 Brelsfoard and Dobson 2009）。

在医学中，共生概念首先就对我们阐明健康、疾病和人类微生物群变化之间的复杂关系提出了挑战。宿主基因组、共生体和饮食之间的相互作用，变得越来越重要。例如，某些小鼠的基因组已经显示其能够使特定肠道细菌定殖，这会导致小鼠产生肥胖或瘦弱的表型，而这取决于细菌利用营养物质的能力（Turnbaugh et al. 2006）。当给斑马鱼摄入小鼠肠道微生物时，特定的肠道菌群会得到选择（Rawls et al. 2004, 2006）。虽然"没有人是一座孤岛"是一句经典的格言，适用于描述人类之间的互动，然而，对于那些共生的细菌细胞来说，每个人恰恰就是一座岛屿。在共生关系中，岛屿生物地理学对于寄生、演替、资源分配和功能单元划分的研究来说可能至关重要（参见 Morowitz et al. 2011; Muegge et al. 2011; Costello et al. 2012）。

这种新的共生观点使某些数据变得更有意义，并为人体解剖学和生理学提供了一个全新的观点。人类母乳中的低聚糖不能被新生儿利用，然而，它们对于婴儿体内的双歧杆菌（*Bifidobacillus*）来说是一种极好的食物，而双歧杆菌

"虽然'没有人是一座孤岛'是一句经典的格言，
适用于描述人类之间的互动，然而，对于那些共生的细菌细胞来说，
每个人恰恰就是一座岛屿。
在共生关系中，岛屿生物地理学对于寄生、演替、资源分配
和功能单元划分的研究来说可能至关重要。"

能帮助婴儿增强营养（Zivkovic et al. 2011）。蠕虫状的阑尾在很长一段时间以来都被认为是人类进化过程中残留的器官，但是它实际上可能是正常肠道细菌的储存库。当我们腹泻发作的时候，阑尾中储存的共生体会迅速出动，补充肠道中因腹泻流失掉的共生体（Smith et al. 2009）。腹泻一直是欠发达国家儿童死亡的主要原因（CDC 2010），抗生素会杀死肠道中正常的共生体而导致梭菌的扩散进而引发结肠炎，这些问题都可以通过低技术含量的粪便移植而解决（移植的粪便通常来自配偶；参见 Bakken 2011）。

如果我们已经进化出选择微生物共生体的能力，那么对这些细菌进行基因编辑或许可以促进我们的健康。有研究显示，对乳酸菌进行基因编辑使其诱导更多的白介素-10（IL-10），能使乳酸菌对实验状态下肠道炎症的治疗效果更加明显（Mohamadzadeh et al. 2011）。此外，由于微生物在一定程度上能够分解异源化学物质，因此我们对药物的反应可能取决于我们体内的微生物种群（Haiser and Turnbaugh 2012）。

我们所认为值得研究的东西，会受到我们现有范式的影响。发育生物学中最重要的领域之一是关于哺乳动物的大脑如何形成的研究。虽然目前我们知道环境刺激会影响行为和学习，但微生物调节神经发育的可能性直到最近才开始纳入考虑范围。最近，有学者提出了"微生物-肠道-脑轴"（microbiota-gut-brain axis）的说法（Cryan and O'Mahony 2011; McLean et al. 2012）。例如，无菌小鼠大脑相关脑区中的神经生长因子-1A（NGF-1A）和脑源性神经营养因子（BDNF）（它们分别是一种与神经元可塑性相关的转录因子和旁分泌因子）水平低于常规环境下饲养的小鼠。海茨等人（Heijtz et al. 2011, 3051）得出的结论是："在进化过程中，肠道微生物群的定殖已经融入大脑发育的编程之中，进而影响运动控制的过程以及焦虑样的行为。"在另一项调查中，一种特殊的乳酸菌株能够通过调节迷走神经依赖的 GABA 受体来调节情绪性行为（Bravo et al. 2011）。在对流行的范式提出挑战之前，人们根本不敢想象要去研究细菌产物如何调节大脑发育。

承认共生体关系带来的各种影响，也极大启发了保护动物学的研究。例如，关于共生的知识对于防止美国中部各州的斑纹钝口螈灭绝至关重要；我们掌握的有关欧洲蓝蝴蝶和红蚁之间寄生共生关系的知识，对于帮助欧洲蓝蝴蝶

"对于动物和植物来说，个体这种东西从来就没有存在过。
这种新的生物学范式也给我们提出了新的问题，
需要我们去探索地球上不同生命实体之间的新关系。"

重新回到大不列颠至关重要（Thomas 1995）。在农业领域，"治愈"昆虫体内的关键共生体可能是一种控制蚜虫等害虫的方法，并且这种方法会更加环保。这种通过杀死共生体来破坏宿主的方法已被证明在很多情况下是有效的，例如我们就是通过破坏共生体的方式杀死寄生在人类身上的曼森线虫（*Mansonella*）（Coulibaly et al. 2009）。

最后，这种对共生关系的新认识，即使是对微观进化的研究，也可能涉及物种间的相互作用，这些认识为进化生物学研究提出了一系列新问题。生态演替模型可以描述一个局部相互作用的多物种集体随时间的变化。在生态演替的第一个表述中，克莱门茨（Clements 1916）将演替比作发育，将顶级群落视为成年表型。每个生物体可能都必须成为生态系统动态网络模型中的一员，而生物体的细胞则来自不同的基因型。

2009年，牛津大学举行了一场题为"向达尔文主义致敬"的辩论。在辩论中，道金斯（Richard Dawkins）对于把共生关系引入进化论的做法提出质疑：

> 以普通动物的标准故事为例。［在这个故事里，］你有一个动物分布，［然后］你还有一个海角或者一个岛屿或者其他什么东西，这样你就会得到两个［地理］分布。然后在任意一个地理分布中，你都会受到不同的选择压力，所以一个［群体］开始这样进化，［另］一个开始那样进化，这种说法有什么错呢？这是非常合理、经济且节约成本的考虑。当共生起源理论（symbiogenesis）如此繁杂且不经济的时候，你究竟为什么要把这一理论拖进来呢？
>
> 林恩·马古利斯回答说，因为它就在那里（Dawkins and Margulis 2009）。

并且，这具有重大意义。对于动物和植物来说，个体这种东西从来就没有存在过。这种新的生物学范式也给我们提出了新的问题，需要我们去探索地球上不同生命实体之间的新关系。我们其实和地衣没什么两样。B

节 译 自 "A Symbiotic View of Life: We Have Never Been Individuals," *The Quarterly Review of Biology* 87, no. 4 (2012): 325—41.

斯科特·F. 吉尔伯特（Scott F. Gilbert） 美国斯沃斯莫尔学院生物学系教授。
扬·萨普（Jan Sapp） 美国约克大学生物学系教授。
阿尔弗雷德·I. 陶伯（Alfred I. Tauber） 美国波士顿大学哲学系教授。

参考文献

1 Bates J. M., Mittge E., Kuhlman J., Baden K. N., Cheesman S. E., Guilemin K. 2006. Distinct signals from the microbiota promote different aspects of zebrafish gut differentiation. *Developmental Biology* 297: 374—386.

2 Bäckhed F., Ley R. E., Sonnenbury J. L., Peterson D. A., Gordon J. I. 2005. Host-bacterial mutualism in the human intestine. Science 307: 1915—1920.

3 Bakken J. S., Borody T., Brandt L. J., Brill J. V., Demarco D. C., Franzos M. A., Kelly C., Khoruts A., Louie T., Martinelli L. P., Moore T. A., Russell G., Surawicz C. (Fecal Microbiota Transplantation Workgroup). 2011. Treating *Clostridium difficile* infection with fecal microbiota transplantation. *Clinical Gastroenterology and Hepatology* 9: 1044—1049.

4 Bravo J. A., Forsythe P., Chew M. V., Escaravage E., Savignac H. M., Dinan T. G., Bienenstock J., Cryan J. F. 2011. Ingestion of *Lactobacillus* strain regulates emotional behavior and central GABA receptor expression in a mouse via the vagus nerve. *Proceedings of the National Academy of Sciences of the United States of America* 108: 16050—16055.

5 Brelsfoard C. L., Dobson S. L. 2009. *Wolbachia*-based strategies to control insect pests and disease vectors. *Asia Pacific Journal of Molecular Biology and Biotechnology* 17: 55—63.

6 Buchner P. 1965. *Endosymbiosis of Animals with Plant Microorganisms*. New York: Interscience Publishers.

7 Clarke E. 2010. The problem of biological individuality. *Biological Theory* 5: 312—325.

8 Clements F. E. 1916. *Plant Succession: An Analysis of the Development of Vegetation*. Washington (DC): Carnegie Institute of Washington.

9 Costello E. K., Stagaman K., Dethlefsen L., Bohannan B. J. M., Relman D. A. 2012. The application of ecological theory toward an understanding of the human microbiome. *Science* 336: 1255—1262.

10 Coulibaly Y. I. et al. 2009. A randomized trial of doxycycline for *Mansonella perstans* infection. *New England Journal of Medicine* 361: 1448—1458.

11 Cryan J. F., O'Mahony S. M. 2011. The microbiome-gut-brain axis: from bowel to behavior. *Neurogastroenterology and Motility* 23: 187—192.

12 Dawkins R., Margulis L. 8 May 2009. "Homage to Darwin" debate at Oxford University. http://www.voicesfromoxford.com/homagedarwin_part3.html.

13 Douglas A. E. 1988. Experimental studies on the mycetome symbiosis in the leafhopper *Euscelis incisus*. *Journal of Insect Physiology* 34: 1043—1053.

14 Douglas A. E. 2010. *The Symbiotic Habit*. Princeton: Princeton University Press.

15 Duan J., Chung H., Troy E., Kasper D. L. 2010. Mi-crobial colonization drives expansion of IL-1 receptor 1-expressing and IL-17-producing / T cells. *Cell Host and Microbe* 7: 140—150.

16 Dunning Hotopp J. C. et al. 2007. Widespread lateral gene transfer from intracellular bacteria to multicellular eukaryotes. *Science* 317: 1753—1756.

17 Gilbert S. F. 2001. Ecological developmental biology: developmental biology meets the real world. *Developmental Biology* 233: 1—12.

18 Gilbert S. F. 2003. The genome in its ecological context: philosophical perspectives on interspecies epigenesis. *Annals of the New York Academy of Sciences* 981: 202—218.

19 Geddes P., Mitchell P. C. 1911. Morphology. Pages 863—869. In *Encyclopedia Britannica*, Eleventh Edition. Cambridge: Cambridge University Press.

20 Gordon J. I. 2012. Honor thy gut symbionts redux. *Science* 336: 1251—1253.

21 Haiser H. J., Turnbagh P. J. 2012. Is it time for a metagenomic basis of therapeutics? *Science* 336: 1253—1255.

22 Heijtz R. D., Wang S., Anuar F., Qian Y., Björkholm B., Samuelsson A., Hibberd M. L., Forssberg H., Pettersson S. 2011. Normal gut microbiota modulates brain development and behavior. *Proceedings of the National Academy of Sciences of the United States of America* 108: 3047—3052.

23 Hoerauf A., Mand S., Volkmann L., Büttner M., Marfo-Debrekyei Y., Taylor M., Adjei O., Büttner D. W. 2003. Doxycycline in the treatment of human onchocerciasis: kinetics of *Wolbachia* endobacteria reduction and of inhibition of embryogenesis in female *Onchocerca* worms. *Microbes and Infection* 5: 261—273.

24 Hooper L. V., Wong M. H., Thelin A., Hansson L., Falk P. G., Gordon J. I. 2001. Molecular analysis of commensal host-microbial relationships in the intestine. *Science* 291: 881—884.

25 Huxley T. H. 1852. Upon animal individuality. *Edinburgh New Philosophical Journal* 53: 172—177.

26 Kamra D. N. 2005. Rumen microbial ecosystem. *Current Science* 89: 124—135.

27 Kerney R., Kim E., Hangarter R. P., Heiss A. A., Bishop C. D., Hall B. K. 2011. Intracellular invasion of green algae in a salamander host. *Proceedings of the National Academy of Sciences of the United States of America* 108: 6497—6502.

28 Lee Y. K., Mazmanian S. K. 2010. Has the microbiota played a critical role in the evolution of the adaptive immune system? *Science* 330: 1768—1773.

29 Ley, R. E., Peterson D. A., Gordon J. I. 2006. Ecological and evolutionary forces shaping microbial diversity in the human intestine. *Cell* 124: 837—848.

30 Limoges C. 1994. Milne-Edwards, Darwin, Durkheim and Division of Labour: A Case Study in Reciprocal Conceptual Exchanges between the Social and the Natural Sciences. Pages 317—343. In *The Natural Sciences and Social Sciences: Some Critical and Historical Perspectives*. Edited by I. B. Cohen. Dordrecht (The Netherlands): Kluwer Academic Publishers.

31 Margulis L, Sagan D. 2001. The beast with five genomes. *Natural History* 110: 38—41.

32 McFall-Ngai M. J. 2002. Unseen forces: the influences of bacteria on animal development. *Developmental Biology* 242: 1—14.

33 McFall-Ngai M., Heath-Heckman E. A. C., Gillette A. A., Peyer S. M., Harvie E. A. 2012. The secret languages of coevolved symbioses: insights from the *Euprymna scolopes-Vibrio fischeri* symbiosis. *Seminars in Immunology* 24: 3—8.

34 McLean P. G., Bergonzelli G. E., Collins S. M., Bercik P. 2012. Targeting the microbiota-gut-brain axis to modulate behavior: which bacterial strain will translate best to humans? *Proceedings of the National Academy of Sciences of the United States of America* 109: E174.

35 Milne-Edwards H. 1827. Organisation. Pages 332—344 in *Dictionnaire Classique d'Histoire Naturelle*,

edited by J. B. G. M. Bory de Saint-Vincent. Paris: Beaudoin.

36　Mohamadzadeh M. et al. 2011. Regulation of induced colonic inflammation by *Lactobacillus acidophilus* deficient in lipoteichoic acid. *Proceedings of the National Academy of Sciences of the United States of America* 108: 4623—4630.

37　Morowitz M. J., Denef V. J., Costello E. K., Thomas B. C., Poroyko V., Relman D. A., Banfield J. F. 2011. Strain-resolved community genomic analysis of gut microbial colonization in a premature infant. *Proceedings of the National Academy of Sciences of the United States of America* 108: 1128—1133.

38　Muegge B. D., Kuczynski J., Knights D., Clemente J. C., Gonzá lez A., Fontana L., Henrissat B., Knight R., Gordon J. I. 2011. Diet drives convergence in gut microbiome functions across mammalian phylogeny and within humans. *Science* 332: 970—974.

39　Nash D. R., Als T. D., Maile R., Jones G. R., Boomsma J. J. 2008. A mosaic of chemical coevolution in a large blue butterfly. *Science* 319: 88—90.

40　Niess J. H., Leithaäuser F., Adler G., Reimann J. 2008. Commensal gut flora drives the expansion of pro-inflammatory CD4 T cells in the colonic lamina propria under normal and inflammatory conditions. *Journal of Immunology* 180: 559—568.

41　Nyhart L. K., Lidgard S. 2011. Individuals at the center of biology: Rudolf Leuckart's *Polymorphismus der Individuen* and the ongoing narrative of parts and wholes. With an annotated translation. *Journal of the History of Biology* 44: 373—443.

42　Olivier H. M., Moon B. R. 2010. The effects of atrazine on spotted salamander embryos and their symbiotic alga. *Ecotoxicology* 19: 654—661.

43　Pannebakker B. A., Loppin B., Elemans C. P. H., Humblot L., Vavre F. 2007. Parasitic inhibition of cell death facilitates symbiosis. *Proceedings of the National Academy of Sciences of the United States of America* 104: 213—215.

44　Qin J. et al. 2010. A human gut microbial gene catalogue established by metagenomic sequencing. *Nature* 464: 59—65.

45　Rawls J. F., Samuel B. S., Gordon J. I. 2004. Gnotobiotic zebrafish reveal evolutionarily conserved responses to the gut microbiota. *Proceedings of the National Academy of Sciences of the United States of America* 101: 4596—4601.

46　Rhee K.-J., Sethupathi P., Driks A., Lanning D. K., Knight K. L. 2004. Roles of commensal bacteria in development of gut-associated lymphoid tissues and preimmune antibody repertoire. *Journal of Immunology* 172: 1118—1124.

47　Rawls J. F., Mahowald M. A., Ley R. E., Gordon J. I. 2006. Reciprocal gut microbiota transplants from zebrafish and mice to germ-free recipients reveal host habitat selection. *Cell* 127: 423—433.

48　Rosenberg E., Koren O., Reshef L., Efrony R., Zilber-Rosenberg I. 2007. The role of microorganisms in coral health, disease and evolution. *Nature Reviews Microbiology* 5: 355—362.

49　Sapp J. 1994. *Evolution by Association: A History of Symbiosis*. New York: Oxford University Press.

50　Sapp J. 2002. Paul Buchner (1886—1978) and hereditary symbiosis in insects. *International Microbiology* 5: 145—150.

51　Sapp J. 2003. *Genesis: The Evolution of Biology*. New York: Oxford University Press.

52　Sapp J. 2009. *The New Foundations of Evolution: On the Tree of Life*. New York: Oxford University Press.

53　Smith H. F., Fisher R. E., Everett M. L., Thomas A. D., Bollinger R. R., Parker W. 2009. Comparative anatomy and phylogenetic distribution of the mammalian cecal appendix. *Journal of Evolutionary Biology*

22: 1984—1999.
54 Stappenbeck T. S., Hooper L. V., Gordon J. I. 2002. Developmental regulation of intestinal angiogenesis by indigenous microbes via Paneth cells. *Proceedings of the National Academy of Sciences of the United States of America* 99: 15451—15455.
55 Tauber A. I. 2008a. Expanding immunology: defense versus ecological perspectives. *Perspectives in Biology and Medicine* 51: 270—284.
56 Tauber A. I. 2008b. The immune system and its ecology. *Philosophy of Science* 75: 224—245.
57 Taylor C. 1989. *Sources of the Self: The Making of the Modern Identity*. Massachusetts, Cambridge: Harvard University Press.
58 Taylor M. W., Radax R., Steger D., Wagner M. 2007. Sponge-associated microorganisms: evolution, ecology, and biotechnological potential. *Microbiology and Molecular Biology Review* 71: 295—347.
59 Thomas L. 1974. *The Lives of a Cell: Notes of a Biology Watcher*. New York: Viking Press.
60 Thomas J. A. 1995. The Ecology and Conservation of *Maculinea arion* and Other European Species of Large Blue Butterfly. Pages 180—197. In *Ecology and Conservation of Butterflies*. Edited by A. S. Pullin. New York: Chapman and Hall.
61 Turnbaugh P. J, Ley R. E., Mahowald M. A., Magrini V., Mardis E. R., Gordon J. I. 2006. An obesity-associated gut microbiome with increased capacity for energy harvest. *Nature* 444: 1027—1031.
62 Werren J. H. 2005. Heritable Microorganisms and Reproductive Parasitism. Pages 290—315. In *Microbial Evolution: Concepts and Controversies*. Edited by J. Sapp. Oxford (United Kingdom): Oxford University Press.
63 Zivkovic A. M., German J. B., Lebrilla C. B., Mills D. A. 2011. Human milk glycobiome and its impact on the infant gastrointestinal microbiota. *Proceedings of the National Academy of Sciences of the United States of America* 108: 4653—4658.

"ZOETOLOGY"
A NEW NAME FOR AN OLD WAY OF THINKING

"生生论"
一种古老思维方式的新名称

安乐哲——文
陈一宏——译

古希腊本体论（Ontology）与中国生生论（Zoetology）："各种思想点的储备"

作为一名文化哲学家，我以识认、发掘、阐明、区分不同文化叙事的通则为己任。只有至少在某种程度上认识到这些不同的文化假设，我们才能尊重根本性的差异，并将哲学讨论定位在不同世界观之间的某处。正如我们会将柏拉图、亚里士多德和希腊化时代的文化视为西方文化叙事的分水岭，在中国哲学的形成时期，某些持久的承诺也得到了明述，这些承诺比其他承诺更为持久，使我们得以对这一仍在延续的传统的演变作出有益的概括。用《易经》的话说，我们应当预期"变通"。

同样，如果我们，作为泰勒（Charles Taylor）所说的"语言动物"，承认根深蒂固的语言习性在塑造特定人群的语法哲学方面可能具有的力量，这就可能促发我们重新考虑我们看待我们自己的伟大哲学家的原创性的惯常方式。在不轻视他们对各自传统的决定性影响的前提下，我们可以问，在"思想史"中，柏拉图、亚里士多德乃至孔子在多大程度上是在从无到有地构建其哲学作品，又在多大程度上——当然是带着敏锐的洞察力——述明了他们从前辈那里继承而来、在语言的结构和功能中已然隐含的东西？他们在多大程度上是文化考古学家，在"恢复"和揭示其先驱留传给他们的"常识"遗产？

细致入微的学者席文（Nathan Sivin）坚持劝诫我们，在文化比较中抵制"非此即彼"的简单性，同时他也观察到，"人类惊人的创造力似乎是建立在各种

> "我将在关于人之'存在'(human 'beings')的古典希腊本体观与关于我称为人之'演成'(human 'becomings')的古典《易经》过程观之间建立一种对比,一种作为名词的离散的人之存在与作为动名词的相互依存的人之演成的对比,作为我的出发点。"

思想点的储备的排列组合之上"(Sivin 1974, xi)。若是如此,我们如何才能得到这个"各种思想点的储备",而得以着手对其进行随后的排列组合呢?我们以古希腊和中国世界观为基础的思维方式有何异同,它们各自又有何偏颇?在其最深层的文化地层中,有哪些不寻常的假设和偏见——这些假设和偏见的起点是人类经验中始终存在的自我理解,而这些文化习惯已经沉淀为其持久而又不断演进的常识?

在西方哲学叙事中很早就出现了一种倾向,那就是对物质本体论的承诺及其深远影响。本体论推崇"存在本身"(being per se)和绝对语言及其"本质"与"属性"二元论——实体作为属性的承载者,而属性被其所承载。这种本体论思考促使柏拉图在其对确定性的追求中追求形式化的、"真实"的定义(即不是对词语的定义,而是对实在的定义),也构成了亚里士多德认知"什么是什么"的分类科学的基础。对于这些古典的希腊哲学家来说,只有实在的,因而真实的东西,才是知识的适当对象,这带给我们一种不变逻辑。事实上,这样的本体论假设产生了一种断然绝对的思维方式,这体现在无矛盾原则中,即某物不能同时是 A 和非 A。

黑格尔在《小逻辑》的导言中花大篇幅反思了这个问题:哲学从何处发端,探究从何处入手?在这一遐思中,他下结论说,由于哲学"没有其他科学意义上的开端",因此必定"开端只与决定进入哲学思考的主体有关"(Hegel 1991, 41)。我很愿意接受黑格尔对理解我们哲学探索起点的重要性的关切,我也想听从他的命令,从决定进入哲学思考的主体开始。我将在关于人之"存在"(human

"生生论"

"beings")的古典希腊本体观与关于我称为人之"演成"(human "becomings")的古典《易经》过程观之间建立一种对比,一种作为名词的离散的人之存在与作为动名词的相互依存的人之演成的对比,作为我的出发点。

"只有存在存在"(only Being is)这一本体论直觉是巴门尼德的论著《真理之路》的核心,也是由此而来的本体论的基础。古希腊人给了我们一个以"作为存在的存在"(being qua being)或"存在本身"(being per se)为基础的实体本体论,它保证了一个永恒不变的主体作为人类经验的基底。有 eidos 和 telos 的结合作为诸如人的独立事物的形式因和目的因,这种"基－底"(sub-stance)必然在变化中持存。在这种本体论中,"存在"和"是"在同一个词项中并存。同一个助动词回答了双重问题:首先,事物为何存在,即其起源和目的;然后回答了它是什么,即它的实质。这个基底或本质包括它存在的目的,它为任何特定事物界定了"是一个这一类的事物意味着什么",设定了一个封闭、排他的边界和严格的同一性,使得它必然是此而非彼。

"为何有物存在"这一问题,通过诉诸确定性的、有起点的和不可证明的第一原则(古希腊语:arche;拉丁语:principium)得到回答,并在形而上学上将创造者与被创造者区分开来。至于"某物是什么"的问题,则由其限制和定义来回答,并在本体论上区分了实体与偶性,真正的本质与其偶然的属性。在表达事物的必然性、自足性和独立性时,这种作谓述主词的实体或本质就是知识的对象。它告诉我们,出于逻辑上的必然性,什么是什么、真理的源泉,向我们确切揭示了什么是真实,什么不是。就如当代哲学家赵汀阳所言,这种实体本体论界定了构成有序、有结构的宇宙内容的真实事物:

> ……是对世界的"字典式"解释,试图建立界定万物的理解,简单地说,就是断定"什么是什么",一切观念皆为"在／是"(being/is)的注脚。(赵汀阳 2016,147)

这种因果思维正是杜威(John Dewey)所指的,其称之为哲学上的谬误。杜威提醒我们注意我们根深蒂固的习惯——在经验的连续性中使一个元素去语境化和本质化,在我们尽量克服这种二分的努力中,将这同一个元素解释为基础性和因果性的。这种习惯的一个具体例子是，在不断叙述中实现个人同一性的过程中，我们从这种持续经验的复杂性中抽象出某种叫作"存在"或"人性"的东西，然后使这种抽象先在于这一过程本身，并与这一过程形成因果关系。对杜威来说，

> ……实在就是成长过程本身……真正的存在就是整个历史，历史本身就是如此。将其割裂为两部分，然后再乞援于一种致动力将它们重新结合起来，是武断又无端的。（Dewey 1985, Vol. 1, 210）

在《易经》中，我们发现了一套明确提出的宇宙论假设语汇，这种宇宙论假设与实体本体论形成了鲜明对照，并通过将儒家经典置于整体、有机和生态的世界观中，为其提供了阐释性的语境。在本文中，我自己用希腊文"zoe-"（生）和"-logia"（论）创造了新词"zoetology"（生生论），作为一种深深植根于中国古典宇宙论的古老思维方式的新名称。它为我们提供了"本体论"与"生生论"的对比："本体论"是"关于存在本身的科学"，而"生生论"则是"生之道"（the art of living）。这种宇宙论从作为变化背后之动力的"生"本身出发，给了我们一个无边界的"演成"世界；它给我们的不是存在的"事物"（"things" that are），而是正在发生的"事件"（"events" that are happening）。而生的本质就是为自身的持续发展寻求最佳的可用条件。

因此，这种生生论的宇宙观的出发点是，无事无物就其自身而动；关联才是事实。由于生的本质是关联性和交互性的，因此在定义儒家宇宙观时所援用的词汇不可化约地具有二元关系性和连带性：总是多重的，从不是单一的。万事万物既是其自身之所是，也是其特定环境中之所是，还是其未经汇总的整体中之所是。因此，任何变化过程中都存在相互关联的"阴阳"方面，这些方面描述了使事物成为其独特之所是的焦点同一性（focal identity）特征，得益于其生机关系，而使其不断演成。对于理解这套语汇而言重要的是，要从希腊以名词为主导、以人类"存在"和本质性的"事物"为世界的思维，转换到儒家的动名词假设：人之"演成"在其无远弗届的自然、社会和文化生态中生活的事件性本质。这就像是腿与走路、肺与呼吸之间的区别。

"这种宇宙论从作为变化背后之动力的'生'本身出发，
给了我们一个无边界的'演成'世界；
它给我们的不是存在的'事物'('things' that are)，
而是正在发生的'事件'('events' that are happening)。
而生的本质就是为自身的持续发展寻求最佳的可用条件。"

具体就人类经验而言，人并非以限制、自足和独立来定义，而是以在与他人及其所处世界的交往中所经历的成长来被生态地定义。鉴于赋予人们焦点同一性特征的动态关系的首要性，任何特定的人都以全息的方式同其他事物和谐共存。这样的人为何存在的问题，可以通过他们如何存在以及他们对彼此意味着什么来解释。与实体本体论中定义"什么是什么"相对，在生生论中，每个事物都为其他所有事物提供成长、修正和重新定义的可能性。赵汀阳认为，与希腊实体本体论所提供的"字典式"定义不同，儒家宇宙论提供了：

> 对世界的"语法式"解释，力求对万事万物所生成的关系（天与人，人与物，人与人）的协调理解，尤其重视关系的互相性或万事万物的合宜性。（赵汀阳 2016，147—148）

"事物"在与其他事物的交往中所经历的成长，不断重新定义着由其关系所构成的它。就像句子中的词，关系性的意义始于常规语法，而后者为这些词提供了理解所必需的基本排序。在作文中，词与词之间的生产性关联才是其意义的基本来源。一个句子的修辞效果是随着词与词之间关系的培养而实现的，并因此在表达中变得越来越雄辩。句子上升到诗的高度，是因为每个独特的词利用自身的关联，对特定的其他词作出了最佳的贡献。

生生论及其深远意义

与希腊本体论相比，中国古典宇宙论中存在着另一种执着，这在《易经》中得到了明述，我们可以称之为"生生论"。《易经》是中国群经之首，其本身就是对其试图呈现的生态世界观的一堂实例教学课。也就是说，当我们在这种过程世界观中反思"事件"而非"事物"的本质时，这些特定焦点与其场域的关系有助于对世界系统的全息性理解。整体或场域既在每个特定焦点中被勾勒，又在其独特视角中得到体现和解释，眼下，这一特定焦点即《易经》本身。在言明这一经典文本的重要性时，《系辞下传》的说法是：

"具体就人类经验而言,人并非以限制、自足和独立来定义,而是以在与他人及其所处世界的交往中所经历的成长来被生态地定义。"

"生生论"

> 《易》之为书也，广大悉备。有天道焉，有人道焉，有地道焉。

事实上，正是这部开放式的《易经》及其数百年间不断积累的评注，为持久而不断演变的宇宙论及其文化常识设定了学科术语。就此，《易经》为不断演变的儒、道、佛传统，以及最近，其与西方哲学叙事的互动提供了共同的阐释性语境。

《易经》以"变易"为其书名，具体而明确地将创造道的动力定义为"生生"：

> 富有之谓大业，日新之谓盛德。生生之谓易……通变之谓事，阴阳不测之谓神。（《系辞上传》）

这段话中的每个短句都分别指出了一种看待我们持续生活经验的特定方式，并赋予其一个指代性的名称。在文本的语言中，每个名称都指涉了"道"的一个方面，或者更直白地说：宇宙秩序的展开。这段话的最后一句将我们带回到开始的地方，提醒我们通过阴阳关系表达的那些变化过程的开放性。无论这个宇宙中的"事物"是什么，它们不断变化的同一性最终都必须被理解为在无边界的生态场中由多种生机关系构成的独特中心焦点。这让人想起这篇文本中关于圣人像天地一样的相关描述："神无方而易无体。"（《系辞上传》）

"生"作为"生命、生长和发生在这一生机过程中的出生"，真实而无可否认。《易经》宇宙论赋予事件作为不可还原的、关系性的"演成"以优先性，并提供了"言说"过程及其事件性内容所需的相关阴阳范畴。一句常被用以点明《易经》精神的格言是"生生不已，创造不息"。在这种过程宇宙论中，伴随着这种生生的生长不仅是无止境和无界限的，还得到了进一步提升，被赞誉为宇宙本身最具活力的力量和最高的价值：

> 天地之大德曰生，圣人之大宝曰位。何以守位曰仁，何以聚人曰财，理财正辞、禁民为非曰义。（《系辞下传》）

成长，是具根本德性的宇宙中的神奇。在这里，与儒家价值观相辅相成的是，在人类经验的各个层面，从圣贤的成就到资源利用的最佳实践以及社会和政治

> "无论这个宇宙中的'事物'是什么，它们不断变化的同一性最终都必须被理解为在无边界的生态场中由多种生机关系构成的独特中心焦点。"

秩序的实现，努力培育生发。在这个人类世界中，这种有效的生活是道德和教育的实质，也是意义的持续来源，它通过无穷的创造力和美感表现出来，而创造力和美感是人类世界最大的财富。我们无法从假定的形而上学基础中获得意义，吉德炜（David Keightley）将其描述为"一种有关确定性、理想形式和正确答案的柏拉图式形而上学"（Keightley 1988, 76）。相反，过最有意义生活的指导必须由我们最睿智的祖先在历史叙事中制定和传承，因为他们协调了人类经验与不断变化的宇宙进程。儒家道德本身是一种宇宙现象，它是从发生在自然运作和人类共同努力间的共生和交互中产生的。

《易经》是根据对我们周遭世界之本质的敏锐觉识编写而成的，因此，其每个部分都提供了了解人类经验的奥秘和奇妙的途径：

> 《易》与天地准，故能弥纶天地之道。仰以观于天文，俯以察于地理，是故知幽明之故。原始反终，故知死生之说。精气为物，游魂为变，是故知鬼神之情状。（《系辞上传》）

《易传》是围绕着一系列关键哲学术语构建起来的，这些哲学术语揭示了一个被直接经验的世界，为我们提供了大量二分相对的术语：高与低、动与静、刚与柔、盈与虚、大与小、明与暗、热与冷，等等。与其说有一个不动的动者或者某个其他的外部的变化来源，毋宁说是阴阳生机世界中固有的关联性、两极性和动态张力产生了变革的能量。这些确定性与不确定性之间的张力，也是

这些过程中不断涌现出新事物的源泉。重要的是，这里描述了从最平凡的日常事物到非肉体的神灵世界，事物和事件是如何形成并最终消散的——由生命动力激活，并通过活性之"气"的扰动而成形。"死生""鬼神"等二分相对的关联关系，彼此相互牵连，反映了这种分类的互通性，以及缺乏对其进行最终和排他性限制的分类思维。

我们从变易的视角具体刻画了圣贤们编纂这部经典文本的方式，及其如何在意义的产生中诉诸意象思维：

> 圣人设卦观象，系辞焉而明吉凶。刚柔相推而生变化。是故吉凶者，失得之象也；悔吝者，忧虞之象也；变化者，进退之象也；刚柔者，昼夜之象也。六爻之动，三极之道也。(《系辞上传》)

圣贤们从他们对宇宙生生不息的生产性的理解中创造了一种动态的、意象式的话语，用以传达他们对于我们何以能够有意地引导人类经验，从而使之以最有利的方式在天地之间活动的洞见。

生生论、意象思维及同一性的建构

当代哲学家，如马克·约翰逊（Mark Johnson）和更早的杜威，提出的论点与这里我们在《易经》中发现的不谋而合。圣贤的意象式话语不仅描述了宇宙的物理运行，还通过促进良性增长，为人类创造更高层次的、能够使人类经验变得更具道德和智慧的价值和概念提供了资源。约翰逊《心灵中的身体》一书的副标题是"意义、想象和理性的身体基础"。在这部著作中，约翰逊为人类意义形成的身体基础，以及何为人类繁盛终极的审美基础做了大量论证工作。他描绘了如何通过我们想象力的隐喻性投射和阐发来扩展最直白的物理图像模式，从而产生复杂的认知和情感意义模式：

> 我们的世界以我们的身体为感知中心辐射开来，我们由之出发看到、听到、触摸、品尝和嗅到我们的世界。(Johnson 1987, 124)

"在理解人类理解结构的这一发端过程时,我们必须警惕简单的割裂关系的语言,将根与树区分为因与果的关系。根与树是一个整体的共生过程,它们要么一起生长,要么就都不生长。同样,'活生生的身体'和'具身的生活'是看待同一成长过程的两个方面。"

"我们在《易经》中发现的图像模式,正如先贤所描述的那样,是在关联性的图像中捕捉到的,反映了中国古典过程宇宙论赋予生机关系的首要地位。"

"具体到人类经验,生生论中的人不是以局限性、自足性和独立性被界定的,而是由他们在与他人及其世界的交往中所经历的成长,生态地得以界定。由于任何一样事物都是托其他一切事物的福而存在,因此,为何有物存在的问题可以通过它们如何存在,以及它们之间的关系来解释。"

对约翰逊来说，人类理解的形式、逻辑结构是我们活生生身体的活动的直接延展，这种高阶智能是通过发挥我们无穷无尽的想象力而产生的。这就是人类创造复杂文化的能力。约翰逊将自己的基本意象－图式称为"容纳""力量""平衡""循环""尺度""联系"和"中心－边缘"。在反思何谓"学以成人"时，约翰逊提出的观点是：

> ……理解绝不仅仅是有意识或无意识地持有信念的问题。更根本地说，一个人的理解是一个人处于或拥有一个世界的方式。这在很大程度上是一个人的化身，即感知机制、辨识模式、运动程序和各种身体技能的体现。这同样与我们植根于文化、语言、制度和历史传统中有关。（Johnson 1987, 137）

在理解人类理解结构的这一发端过程时，我们必须警惕简单的割裂关系的语言将根与树区分为因与果的关系。根与树是一个整体的共生过程，它们要么一起生长，要么就都不生长。同样，"活生生的身体"和"具身的生活"是看待同一成长过程的两个方面。

我们在《易经》中发现的图像模式，正如先贤所描述的那样，是在关联性的图像中捕捉到的，反映了中国古典过程宇宙论赋予生机关系的首要地位。也就是说，这些始终有其位的图像，从根本上是以不可还原的关系术语来理解的，而能动性则是次要的考虑因素。这些图像描绘了将生物活动定位在人类和自然生态中的交互关系。仅举一例来说明高阶思维如何可能成为身体行动的延展：不难想象，诸如给予与获取、上升与下降、躁动与平衡等反复出现、习以为常的身体模式如何能够被转化和隐喻性地延展，从而产生诸如"关系公平"和"社会正义"等界定成熟文化的高阶经济和政治概念。同样，这些更高阶但仍属于生生论的"生命形式"反过来又被内化，整合为身体意识的组成部分。

具体到人类经验，生生论中的人不是以局限性、自足性和独立性被界定的，而是由他们在与他人及其世界的交往中所经历的成长，生态地得以界定。由于任何一样事物都是托其他一切事物的福而存在，因此，为何有物存在的问题可以通过它们如何存在，以及它们之间的关系来解释。在界定"什么是什么"的过程中出现的认知必然性，被每种事物为其他一切事物提供的成长、修正和重

> "与其说这些人是独立自存的人之'存在',毋宁说是人之'演成'——随着其不断将环境条件内化,其同一性在这个世界中出现。这种人之'演成'是生生不息、互相渗透且不可还原的社会性'事件'。"

新定义的可能性所取代。正如人类的繁盛源于家庭和社区关系的良好发展,与之同构的宇宙繁盛是这种交互性成长的延展,但是是在一个更广阔的尺度上。事实上,人类的价值观以及一种道德宇宙秩序,都以生命及其生产性的增长为基础,因而是相互渗透、相辅相成的。在《中庸》《孝经》这样的经典中,人类的道德要求,比如"诚"和"孝",被视为事物的自然秩序,因而被提升为超越人类经验的宇宙价值,赋予圣人天地共同创造者的地位。同时,描述宇宙力量的术语,如"道""象""理",也被用来表达作为意义创造者的人类能力。

从这一同一性形成的具体实例来看,一个人自身的潜能远非通过将其潜在的品质或能力定位为某种内在固有、供其实现的性状而预载,而是含括在不断演进的过程性语境中,并与之协作。因此,与其说这些人是独立自存的人之"存在",毋宁说是人之"演成"——随着其不断将环境条件内化,其同一性在这个世界中出现。这种人之"演成"是生生不息、互相渗透且不可还原的社会性"事件",通过不断培育与他人的关系来创造意义,并随着其生活变得越来越重要,通过提升和完善与他人共度的时光,将日常经验诗化。

节译自 "'Zoetology': A New Name for an Old Way of Thinking," *Royal Institute of Philosophy Supplement* 93 (2023): 81—98.

安乐哲(Roger T. Ames) 北京大学人文讲席教授,北京大学博古睿研究中心学术委员会联席主席。

参考文献

1. Dewey, John. 1985. *The Later Works of John Dewey (1925—53)*. Edited by Jo Ann Boydston. Carbondale: Southern Illinois University Press.
2. Hegel, G. W. F. 1991. *The Encyclopedia Logic*. Indianapolis/Cambridge: Hackett Publishing Company.
3. Johnson, Mark. 1987. *The Body in the Mind: The Bodily Basis of Meaning, Imagination, and Reason*. Chicago: University of Chicago Press.
4. N. Keightley, David. 1988. "Shang Divination and Metaphysics." *Philosophy East and West*, 38 (4).
5. Sivin, Nathan. 1974. "Forward" to Manfred Porkert, *The Theoretical Foundations of Chinese Medicine*. Cambridge, MA: MIT Press.
6. 赵汀阳.2016.惠此中国——作为一个神性概念的中国.北京：中信出版社.

FROM INCAPABILITY TO WE-TURN

从无能到"我们转向"

出口康夫——文

邱淑怡——译

> "基本、普遍的单一行动的无能或'我'没有一个由无数不同主体组成的系统的供给,就无法单独做任何事情。"

单一行动的无能

让我们首先主张,人类个体或"我"至少具有两种基本、普遍的无能(incapabilities),即单一行动的无能和完全控制其他主体的无能。更确切地说,第一个论题,即单一行动的无能,是说个体的"我"如果没有多主体系统的供给,就无法单独完成任何身体行动。第二个论题,即完全控制的无能,是指个体的"我"无法完全控制作为其自身身体行动资源的任何其他主体。在这两个论题中,本文将集中讨论第一个论题。我们来看看如何论证第一个论题。

人类个体或"我"有许多基本、普遍的无能或原则上不能做的事情。例如,"我"不能像鸟一样飞翔,也不能长生不老。除此以外,再加上我们对人类状况的观察,即基本、普遍的单一行动的无能或"我"没有一个由无数不同主体组成的系统的供给(affordance),就无法单独做任何事情。[1]

个体或"我"显然无法单独完成很多事情。有许多行动是无法由单一个体主体完成的。其中就有所谓的联合行动或集体行动,这些行动需要两个以上的人参与,比如团队体育比赛和大合唱。不用说,"我"一个人是不可能进行棒球比赛和合唱的。但是,是否也有许多"单一行动"可以由一个人完成呢?比如,你一个人跑步、一个人唱歌,似乎都可以。真的是这样吗?我们认为,即使是所谓的"单一行动",也不是一个人就能完成的。看看骑自行车的例子,这似乎是一个单一的行动。

要顺利、成功地骑行单座自行车,需要自行车的正常运行,需要道路、信

> **"仅仅有必要且充分主体的供给还是不够的。这些供给必须以一种使行动成为可能的方式进行适当的结构化或协调。"**

号系统和其他交通基础设施的建设和维护,需要自行车的发明、制造和销售,需要适当的空气含氧量、大气压力和重力场,等等。就此而言,除了"我"的意图和行动之外,人类、其他生物、人工制品、无生命物体、社会实体和环境因素等各种主体(有意的行动者或因果效应者)的协助、支持或供给(无论是有意、无意、反有意还是非有意)都是不可或缺的。[2]

应该说,所有的身体行动都需要包括自然环境在内的各种主体的支持或供给。因此,我们提出一个普遍性的主张,即没有任何身体行动是可以由单一个体主体完成的。

多主体系统

如上所论证,任何身体行动都需要来自多种主体的供给能力。但是,仅有许多主体是不够的。要完成任何动作,除了这些主体之外,还需要这些主体的整个系统。

例如,假设骑自行车得到了交通基础设施的供给,但是未能得到大气层和重力场等自然主体的供给,自行车运动就无法顺利进行。我们所需要的不仅仅是身体行动所必要的某些主体的供给,而是所有这些必要主体。换句话说,我们所需要的是对行动而言必要且充分主体的供给。

但是,仅仅有必要且充分主体的供给还是不够的。这些供给必须以一种使行动成为可能的方式进行适当的结构化或协调。例如,如果自行车轮胎周围的

部件不能很好地与道路状况相匹配，就不可能顺利骑行。因此，必要且充分主体的每个部分都是结构合理或相互协调的。换句话说，除非各部分之间存在结构或协调，否则自行车运动不可能顺利进行。

所需要的是由必要且充分主体组成的整体结构或结构化系统。我们把这种结构称为身体行动所必要且充分的多主体系统，简称多主体系统。[3] 无论何时何地，只要有身体行动发生，就会有一个多主体系统使之成为可能。

身体行动的供给不是每个部分单独进行的活动。它是由多主体系统作为一个整体执行的活动，其中每个部分的供给都是协调和结构化的。从这个意义上说，供给不是局部活动，而是整体活动。我们称之为多主体活动。

多主体系统的本体论地位如何？与生态系统或交通系统等其他系统一样，它是一个抽象的实体，缺乏一些物理属性（如重量和颜色）和所有精神属性。与生态系统和交通系统一样，多主体系统也具有因果能力或效力。例如，生态系统具有全球性的因果效力，可以维持存在于其中的许多物种和生命。同样，多主体系统也具有全局的因果效力，能够为身体行动提供供给。

行动者的"我们转向"

然后，我们继续讨论第一个"我们转向"，即身体行动的实施者或主体的"我们转向"。这种"我们转向"的前提是我们所说的"行动者外在论"，根据这种观点，身体行动的实施者不应该总是觉识或意识到自己在做这一行动。它的对立面是"行动者内在论"，即身体行动的实施者应该总是觉识或意识到自己在做这个行动。

我们把诸如古董挂钟、石头或多主体系统这样的缺乏心智或意识，无法意识到自己在做某一行为的主体（或实施者）称为外部主体（或实施者）。相反，可以把像人类这样的有心智或意识，能够意识到自己在做某一行为的主体称为内部主体。

人机系统思想的一些支持者或多或少都隐含着"行动者外在论"的立场。例如，被认为是"互联网之父"之一的利克莱德（Licklider）就描述了一种人机系统，他称之为人机共生。

（人脑和计算机之间）合作将以人类大脑从未有过的方式进行思考，并以我们今天所知的信息处理机器尚未企及的方式处理数据。[4]

因此，在他设想的未来中，主体既不是人类，也不是计算机，而是人机"伙伴关系"。对他来说，人机"伙伴关系"就是系统的同义词，可以进行思考和数据处理。在这里，人机系统是一个抽象实体，是一个没有心智或意识的外部主体，是思考和数据处理的主体（这些身体行为将在后面讨论）。利克莱德是一个行动者外在论者。

如果你认同利克莱德的观点，并进而将汽车驾驶的主体或实施者视为既不是驾驶者也不是汽车，而是由两者组成的系统，那么你就是行动者外在论者。

当然，你可以通过诸如此类的方式，比如只把行动者外在论应用于不可避免涉及人类身体行动的系统，从而防止主观性和行动者身份的过度膨胀，以至于使台风的气象系统成为暴风雨行动者的主体。

接下来，引入另一个假设，即身体行动的实施者或主体应该是必要且充分的主体。现在假设有两个主体，只有这两个主体是实施身体行动的必要主体，且这两个主体实际参与了该行动，因此与该行动相关。换句话说，这两个主体是这一行动仅有的必要主体。那么，谁是行为的实施者？显然，单凭任何一个主体是不足以成为实施者的。换句话说，仅仅是必要的主体可能成为行为主体的一部分，但他们并不是行为主体本身。

现在，看看第三个主体，它是不必要主体，与行动无关。由这三个主体组成的单元也不是这一行动的实施者。这个单元包含了行动的主体，是行动的充分主体，但不是行动的主体本身。相反，行动者或行动主体应该是只由两个必要主体组成的单元。由这两个必要主体组成的单元，且只有它们，才是这一行动必要且充分的主体。行动的主体，即行动者，必须是行动的必要且充分的主体。

现在，可以从迄今提出的三个假设中推导出行动者的"我们"转向。首先，根据第一个无能论题，个体的"我"不可能在没有多主体系统支持的情况下完成任何身体行动。我们也证实了，多主体系统，而不是包括"我"在内的个体主体，才是身体行动的必要且充分主体。根据"只有必要且充分主体才是行动的实施者"这一假设，多主体系统，而不是"我"和其他单个主体，才是身体行动的实施者或主体。

这意味着，一方面，多主体系统具有身体行动的能动性或主体性（subjectivity）。另一方面，多主体系统，顾名思义，是一个构造和协调大量主体的系统。系统所拥有的身体行动的主体性以结构化和协调的方式在这些众多主体之间进行切分或分配。系统是身体行动主体性的分配者，而每个主体都是被分配者。这也意味着，包括"我"在内的每一个主体，作为身体行动的单一必要主体，都不是行动者，而是部分行动者、部分主体或行动的分享者，或者仅仅是分享者。

多主体系统作为外部行动者

另一方面，作为主体分配者的多主体系统并不具备任何精神或心理属性，如意图、意志、意识或感质。它只是一个抽象实体，以主体分配的形式供给身体行动。这样一个抽象实体能被称为行动主体、行动者或实施者吗？

正如在人机系统中提到的，只要我们采用行动者外在论，把抽象实体视为行动者就没有问题。只要将其作为一个结果，或者作为一个事实，多主体系统是供给身体行动必要且充分的主体，那么行动者外在论者就可以把多主体系统视为身体行动的实施者。

作为部分行动者的个体主体也是如此。从行动者外在论的角度来看，只要多主体系统中的单个主体事实上参与了某一行动，即使它没有意图或意识，它也是部分外部行动者。例如，在骑自行车的例子中，自行车和道路等人工制品以及大气等自然环境都是部分外部行动者。即使是一个有意识的主体，尽管它并不意图承担某个行为，但结果却承担了，那么它也可以被称为部分外部行动者。

多主体系统作为"我们"

那么，如果我们用一个代词来指称这样一个多主体系统，应该用哪个代词呢？一方面，它是一个由无数主体组成的系统，这些主体供给"我"的行动。而"我"也是该行动的供给者之一。因此，这个系统必然包括作为其成员之一的"我"。那么，该系统的合适代词应该是包含"我"的代词。它不能是

从无能到"我们转向"

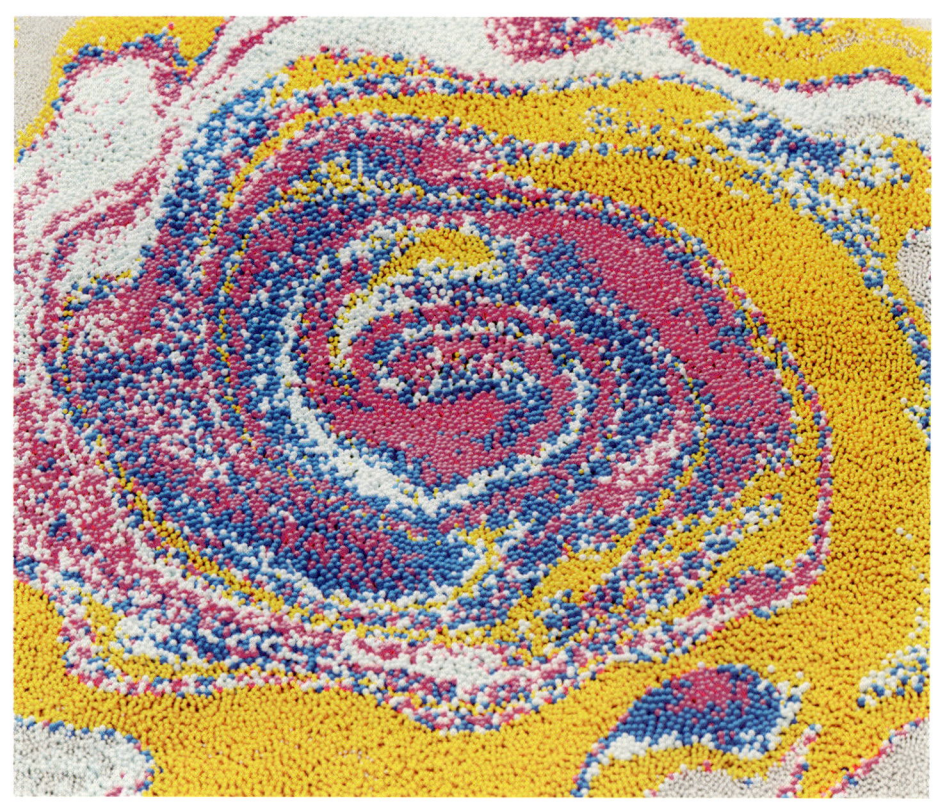

"你""他""她""它"或"他们"。它必须是第一人称代词:"我"或"我们"。

另一方面,多主体系统是行动的主体,而不是客体。它应该用代表行动主体的主格来表达,而不是用宾格或所有格。因此,应该用主格"我"(I),而不是宾格"我"(me)或"我的"(my/mine),应该用主格"我们"(we),而不是宾格"我们"(us)或"我们的"(our/ours)来表示。

那么,是"我"还是"我们"?答案应该已经很清楚了。一方面,所谓"我",是单数的而非复数的。另一方面,多主体系统具有这两个方面的特征:单数的和复数的。它是复数的,因为它总是包括不止一个主体。它也是单数的,因为它从结构上将多个主体统合为一个系统。简而言之,它是一个单一的系统,而不是多个系统。

同样,所谓的"我们"也同时是单数的和复数的。它是复数的,因为它必然包括不止一个成员。而多个成员之所以能被称为"我们",就意味着它们并不只是零散的存在,而是以某种方式联系或统合在一起。"我们"作为这些成员的单位,是单数的。因此,多主体系统应该被称为既是单数又是复数的"我们",而不是只有单数的"我"。

从"我做"到"我们做"

由此可见,所有身体行动的主体或单位都不是单个的行动者"我",而是一个由包括"我"在内的所有行动供给者(作为部分行动者)组成的系统。换句话说,行动的主体或实施者是作为"我们"的多主体系统。只要认可这三个假设,即单一行动的无能力论、行动者外在论、行动者是必要且充分主体,那么身体行动的实施者或主体就会从"我"转向"我们"。于是,就发生了第一次"我们"转向,即行动者的"我们"转向。

鉴于行动者的"我们"转向,任何身体行动 X 都应表述为"我们做 X",而不是"我做 X"。"我们"而不是"我"所做的行动不是单一行动,而是集体行动。行动或行动者的"我们"转向意味着,所有的身体行动实际上都是集体行动,而不是单一行动。

因此,集体行动应该有广义和狭义之分。从广义上讲,所有身体行动,正

如刚才所论证的，都是集体行动。其中有些也是狭义上的集体行动，比如团队体育比赛和合唱。

身心的因果不可分离性

我们对身心关系的基本观察是，心灵活动在许多情况下会受到身体状况的影响。脑部病变会影响认知和情感，这是脑部病理学领域普遍接受的事实。众所周知，酒精或毒品摄入导致的大脑状态变化也会对认知和情感产生重大影响。同样，不仅是大脑，身体各部位的病变和损伤也会对身心或身心综合症状产生整体性的负面影响。即使是在非病理性的健康病例中，人们也普遍注意到，例如呼吸、姿势和脉搏等身体状况会对心灵状态产生稳定而持续的影响。[5]

通过对许多情况下心灵与身体的因果不可分离性的观察，现在作出如下假设：心灵活动总是，或者说必然，受到身体状况的因果影响。换句话说，心灵活动必然与身体相关联，不可能存在与身体因果分离的心灵活动。再换言之，身体状况的因果影响是心灵活动的构成因素，心灵活动在因果关系上是无法脱离身体的。因此，没有身体的因果影响，就不存在心灵活动。所以，在因果关系上独立或脱离于身体状况的心灵活动的可能性被阻断了。从这个意义上说，心灵活动是嵌入（embedded）身体或具身（embodied）于其中的。

心灵活动与身体状况不可避免的因果非独立性意味着，没有身体状况的因果影响，心灵活动就不可能存在。每当某种心灵活动发生时，总会有一种身体状况对其产生某种因果影响。换句话说，心灵活动和影响心灵活动的身体状况总是必然地相互因果联系在一起。因此，它们构成了一个因果集合体，即心身活动。

对于心灵活动来说，总会有相应的心身活动将其作为心灵的一部分。心灵活动只是心身活动的一部分或冰山一角。因此，把思考仅仅描述为心灵活动是一种狭隘的看法。

"所有身体行动的主体或单位都不是单个的行动者'我',而是一个由包括'我'在内的所有行动供给者(作为部分行动者)组成的系统。"

"'我们'是复数的,因为它必然包括不止一个成员。而多个成员之所以能被称为'我们',就意味着它们并不只是零散的存在,而是以某种方式联系或统合在一起。'我们'作为这些成员的单位,是单数的。"

"心灵"活动的"我们转向"

所谓的心灵活动是心身活动的一部分。而心身活动是一种身体行动。如上所述,身体行动是由多主体系统执行的多主体活动的一部分,这一系统不仅包括心灵和身体主体,而且包括身体之外的人造的、自然的和社会的主体。因此,所谓的心灵活动只是多主体活动的冰山一角。把心灵的思考当作心身的思考,仍然是狭隘的。例如,我们应该提到多主体思考,而不仅仅是心灵的或心身的。

现在,正如论证的那样,身体行动的主体或实施者是多行为主体系统或"我们",而不是单一主体的"我"。因此,心身活动或所谓心灵活动的主体或行动者是多行为主体系统或"我们",而不是"我"。这就是所谓心灵活动的"我们"转向,即所谓心灵活动的主体或行动者从"我"转向"我们"。对不起,笛卡儿,思考的正确表述是"我们思"(cogitamus),而不是"我思"(cogito)。

如前所述,我们认为思考不可避免地会受到身体状况的影响。但它还会受到许多其他因素的影响,如他人的观点、大众或社交媒体的信息、社会和文化价值观、用以表达的语言,等等。没有不受其他因素影响的思考。没有在真空中发生的思考。但是,许多人一直只把"我"作为思考者,而把其他因素仅仅视为这个单一思考者的影响因素。

无论如何,应该承认,这些影响因素对于思考是必要的。这就是说,主体"我"也是思考的必要主体,但不是充分主体。根据我们的前提,单纯的必要主体不能成为包括思考在内的一般身体行动的主体,只有思考的必要且充分主体,即由所有必要主体组成的"我们",才能成为思考的主体或思考者。思考者应该是多行为主体系统或由所有必要主体组成的"我们"。

当然,多主体系统作为抽象实体,其内部的许多无意识主体只是外部主体,因此它们并不知道自己在思考"我"在思考什么。然而,只要采取行动者外在论,这些外部主体也可以成为思考的主体或部分主体。

即使将思考等所谓心灵活动的主体交给作为"我们"的多行为主体系统,"我"仍然在组成系统的主体中占据着独特的位置。"我"存在于"我们"的思考,属于它,且始终如一、时时刻刻知道自己的存在。这意味着,"我"必然是思考的内部主体。重要的是,没有任何其他主体可以成为必要内部主体。只有"我"才是不可避免、不可或缺或必要的思考的内部主体。"我"垄断了不可避免或必要的内部主体的地位。"我"是一个独一无二的主体,因为"我"具有其他主体所不具备的属性,即作为必要内部主体。

尽管"我"可能是思考唯一的必要内部主体,但它不可能成为思考的主体,除非是其必要且充分主体。把"我"作为思考主体或思考者的观点,应该是混淆了思考的唯一必要内部主体与思考主体的结果。

意图的"我们转向"

意图和决策也是如此。意图是行动的构成要素。没有一个由有意的主体持有的意图,那就只是纯粹的活动。与思考一样,没有存在于真空的意图。它无法摆脱各种主体和因素的影响。换句话说,没有各种主体,就不会有意图。"我"是意图的必要主体,但不是必要且充分主体。意图的必要且充分主体不是别的,正是"我们"这个多主体系统。其结果是,意图的主体或意图者从"我"转向了"我们",即意图的"我们转向"。

"我"也是意图唯一必要或不可避免的内部主体。然而,即使是唯一的必

"每当'我'作为'自我'意识到多主体系统时,它应该意识到自己不是'自我',而是'自我的一员'。让我们把'我'的这种自我意识,即'我'是'自我的一员',作为'我'的自我意识,而不是单纯的自我意识。所以,我们对'我''我们'和'自我'之间关系的表述是'我'∈'我们'=自我,而不是像黑格尔说的'我'='我们'=自我。"

要内部主体，除非它是必要且充分主体，否则也不能成为意图的主体。因此，把"我"作为意图的主体或意图者，不过是把意图的唯一必要内部主体与意图主体混为一谈。

决策的"我们转向"

决策或决定是一种意图。这是因为，虽然决策总是伴随着作出决定的意图，但也有可能是敢于不作出决定的意图。因此，与意图一样，决策总是受到各种主体和因素的影响。"我"是决策的必要主体，但不是必要且充分主体。

另一方面，"我"是决策的唯一必要内部主体，这一点也一如既往地确定无疑。然而，即使"我"是唯一的必要内部主体，当它不是必要且充分主体时，它就不是决策的主体。另一方面，决策的必要且充分主体也是多主体系统，即"我们"。因此，"我们决定"而非"我决定"才是决策的正确表述方式。因此，决策的主体从"我"转向了"我们"，即决策的"我们转向"。

除了"我"是意图，尤其是决策中唯一不可避免或必要的内在主体这一独特性（singularity）之外，它还有另一个在思考中并不那么突出的特点，即它是唯一的常设裁判、终结者和最终决策者。

如果从广义上讲，思考甚至包括模糊思考或潜意识思考，那么它就像呼吸一样，是所谓精神活动中持续稳定的动作。另一方面，"意图"是在某一特定场合酝酿出来的，它切断并终止了之前的非蓄意状态。它具有突然性和终结性。当然，这种终止或终结只是暂时的，总是可以撤销的。

这种意图的突然性和终结性在决策中更为突出，决策也是一种意图。在决策中，在某个场合，"我们"的未决状态被打破和终止，并作出了某种选择。在意图或决策发生的场合，"我"总是在场，总是不可避免地扮演着选择者、终结者和最终决策者的角色，对先前的状态进行判断和终结。

共同决策是一种狭义的协作行为，在这种情况下，除了"我"之外，其他有意图的主体也扮演着判断者、终结者，以及最终决策者的角色。然而，在（所谓的）单一决策的情况下，只有"我"扮演着判断者、终结者和最终决策者的角色。在任何情况下，如果"我"不扮演判断者、终结者和最终决策者的角色，

就不可能有意图,也不可能有决策。因此,只有"我"是不可避免、不可或缺、必要的判断者、终结者和意图、决定的最终决策者。

我们把"常设"或"永久"的判断者、终结者和最终决策者称为在意图和决策场合不可或缺或必要的存在。"我"是唯一的常设裁判、终结者和最终决策者。在意图和决定的情况下,就像在思考的情况下一样,"我"垄断了必要内部主体的地位。此外,"我"在意图与决策的情况下,也占据着常设裁判、终结者和定局者的位置。

同样,"我"并不垄断意图和决策的主体地位。所有意图的启动和决策都是广义的协作行为,这些行为的主体是作为多主体系统的"我们"。从这个意义上说,"我"不可能是唯一的决策者。"我"不具有持有意图或作出决定的排他性的权利或权力。然而,另一方面,"我"是意图和决策的唯一常设裁判、终结者和定局者。

自我作为行动者

"什么是自我?"这一问题是哲学的一个重要主题,无论是古代还是现代,东方还是西方,都有各种各样的答案。一些人主张无我论,即自我不存在,而另一些人(在某种意义上)接受自我的存在。当自我的存在被承认时,它通常被视为某些活动的主体或行动者。换句话说,表现为人称代词主格,如"我"或者"我们"的主体性或主格性通常被归于自我。

例如,自我被认为是意识、认识或感觉的主体。即使在这种情况下,意见也存在分歧。以感知为例:一些人认为自我是一个主动构建感知的互动主体(interferential subject)[6],而另一些人则认为自我是一个最小的、非互动的主体(nonintrusive subject),只是被动地见证感知[7]。

自我有时被描述为自我认识、自我意识或自我识别的主体。根据这个特征,自我是一个认识或意识到自己的主体。如果我们采取关于自我的这种自我意识观点,意见仍然有分歧。

如果一个人认为自我意识是构成性的,他就应该采取自我内在论。根据这种内在论,自我总是或必然意识到自己,因此在意识的领域之内,或内在于意识。一些哲学家，如康德、黑格尔、海德格尔，甚至声称自我只不过是自我意识。对于那些自我内在主义者来说，自我就是内在的自我。[8]

如果一个人不认为自我意识是本质的，他就应该采取自我外在主义。根据这种观点，自我并不总是或必然意识到自己，因此可以脱离意识的领域，或在意识之外。这意味着自我可以存在，即使它没有意识到自己或其他任何东西。例如，尼采和弗洛伊德采取了自我外在主义，声称自我或至少自我的一个层面存在于意识领域之外，前者是肉体，后者是无意识。[9] 对他们来说，自我就像一个沉默的器官，但它的影响是深远的、不可避免的。对于那些自我外在主义者来说，自我就是外部的自我。

另一个经常归属于自我的主体性或主格性特征，是身体行为的主体或行动者。例如，在认知心理学中，自我被理解为一个具身行动者。这里的"具身行动者"就是我们所说的"身体行为的主体"。[10]

让我们接受关于自我的这种观点，也就是说，自我是身体行为的主体，或者说行为者，把身体行为的主体性作为自我的基本属性。这并不意味着，我们拒绝对自我的其他归因。我们很乐意将其他属性（如感知的主体性或自我意识）归因于它，只要它们与自我的基本属性（即行动者属性）相容或可衍生。例如，只要感知或自我意识被视为一种身体行为，我们也可以将自我描述为感知或自我意识的主体。

自我的"我们转向"：自我即我们

现在我们将自我看作身体行动的实施者或主体，包括所谓的精神活动。另一方面，我们已经证明行动者的"我们转向"，也就是说，身体行动的实施者或主体是多主体系统"我们"而不是"我"。从这两种说法中，可以推导出自我是作为"我们"的多主体系统。这是自我的"我们转向"，即自我从个体的"我"转变为多主体系统的"我们"，或者从"自我即我"到"自我即我们"的转变。"自我即我们"的概念是从前面介绍过的一些基本假设中衍生出来的，如第一个无能命题、行动者外在论、行动者是必要且充分主体、心身因果不可孤立性，以及将自我视为行动者的观点。

> "自我的'我们转向'并不意味着作为个体的'我'不再存在。它只意味着'我'不再作为一个独立于'我们'的主体而存在，而是始终、已经、必然作为'我们'的一员而存在。个体作为'自我即我们'的一员可以被描述为'我'，个体作为一个孤立主体也可以被描述为'我'。"

只要这些假设得到认可，自我就不再局限于单个的"我"。相反，它打破了个体的边界。它被扩展到多主体系统，作为身体行为的必要且充分主体，其中必然包括个体"我"作为其成员之一。例如，作为骑自行车的主体的自我，从骑自行车的个体"我"延伸到自行车、社会基础设施、自行车业史、生态系统和地球附近的天体系统。

不用说，"自我即我们"的多主体系统是一个抽象实体，没有任何意识等心理属性。因此，它没有意识到自己是一个自我。具有意识等心理属性的"我"则是另一回事。"我"很有可能意识到它作为主体，作为"自我"所属的多主体系统。

每当"我"作为"自我"意识到多主体系统时，它应该意识到自己不是"自我"，而是"自我的一员"。让我们把"我"的这种自我意识，即"我"是"自我的一员"，作为"我"的自我意识，而不是单纯的自我意识。所以，我们对"我""我们"和"自我"之间关系的表述是"我"∈"我们"= 自我，而不是像黑格尔说的"我"="我们" = 自我。[11]

然而，只要我们接受迄今为止所建立的假设，如第一个无能论、主体是必要且充分主体、行动者外在论、心身因果不可孤立性、自我作为行动者，那么无论"我"是否具有作为自我的一员的自我意识，"自我即我们"都是作为结果而建立起来的。换句话说，无论我们每个人是否真的拥有这样的自我观，或者拥有这样以第一人称方式的"我"的自我意识，我们都被迫在概念上或逻辑上接受"自我即我们"的观点。

"在从'我'到'我'的转变中,个人的一些特征保持不变,而另一些特征则发生了变化。就像'我'一样,'我'完全占据了身体、意识、知觉、情感和意志(它们仍然是'我的身体''我的意识'等)。与'我'不同,'我'不能排他性地占据身体行动的主体。身体行动的主体完全由'我们'作为一个整体占据,并分配给包括'我'在内的各种主体。与'我'不同,当它开始意识到'自我即我们'的时候,'我'不是意识到自己是一个自我,而是意识到自己是自我的一员。"

"每当一个行动完成时,都有不同的'我们'作为多主体系统出现。但只要一个'我'存在并继续行动,这个'我'就总是作为一个或另一个'我们'的成员行事。在这个意义上,'我们'对于'我'来说是不可避免的。'我们'不像一件可移动的衣服,而是无法逃脱的。即使个体脱下作为'我们'的全部衣服,'赤裸的我'能够存在只是一种幻觉或神话。"

通过承认无意识自我的存在，我们采取了自我外在主义。这种自我外在主义是两个假设的结果——行动者外在主义和自我作为行动者。只要我们接受自我外在主义，即使"自我即我们"是在某些成员的意识之外也没关系。

当然，自我外在主义并不排除"我"意识到"自我即我们"的可能性，换句话说，"我"有"我"作为"自我即我们"的一员的自我意识。所以，有两个版本的"自我即我们"：外在的和内在的。这里讨论的是外在的"自我即我们"。

外在的"自我即我们"可以被称为沉默的自我。这个沉默的自我对"我"有着深远的影响，就像沉默的器官（如肝或脾）一样。最重要的是，它是包括"精神"活动在内的所有身体行动的唯一主体。

自我的"我们转向"并不意味着作为个体的"我"不再存在。它只意味着"我"不再作为一个独立于"我们"的主体而存在，而是始终、已经、必然作为"我们"的一员而存在。个体作为"自我即我们"的一员可以被描述为"我"，个体作为一个孤立主体也可以被描述为"我"。在从"我"到"我"的转变中，个人的一些特征保持不变，而另一些特征则发生了变化。就像"我"一样，"我"完全占据了身体、意识、知觉、情感和意志（它们仍然是"我的身体""我的意识"等）。与"我"不同，"我"不能排他性地占据身体行动的主体。身体行动的主体完全由"我们"作为一个整体占据，并分配给包括"我"在内的各种主体。与"我"不同，当它开始意识到"自我即我们"的时候，"我"不是意识到自己是一个自我，而是意识到自己是自我的一员。

每当一个行动完成时，都有不同的"我们"作为多主体系统出现。但只要一个"我"存在并继续行动，这个"我"就总是作为一个或另一个"我们"的成员行事。在这个意义上，"我们"对于"我"来说是不可避免的。"我们"不像一件可移动的衣服，而是无法逃脱的。即使个体脱下作为"我们"的全部衣服，"赤裸的我"能够存在只是一种幻觉或神话。

节译自 "From Incapability to We–Turn," in *Meta-Science: Towards a Science of Meaning and Complex Solutions*, ed. Andrej Zwitter and Takuo Dome (University of Groningen Press, 2023), 43—71.

出口康夫　日本京都大学文学研究科教授。

1　J. J. Gibson, "The theory of affordances," in *Perceiving, Acting, and Knowing: Toward an Ecological Psychology*, ed. R. Shaw and J. Bransford (Hillsdale: Erlbaum, 1977).

2　"供给性"（affordance）一词是由吉布森（J. J. Gibson）引入环境心理学的。他将其定义为"它（环境）提供给动物的东西，无论是好是坏"。它的另一特征是动物与其环境之间的相互作用。但这里提到的"供给"与吉布森的原版之间有一个区别：后者必须被动物感知，而前者则不然。

3　由于篇幅的限制，我们无法在这里解释，但我们的立场是——"我"实际上不是个体或不可分割的主体，而是由许多不同主体组成的局部多主体系统。

4　任何实体都可以同时是施动者和受动者。换句话说，它可以有施动和受动两方面：在行使它的能动性时，它可以被动地对其他主体的能动性作出反应。一些实体更具有能动性，而另一些则更具有受动性。在极端情况下，有些实体可以是纯粹的施动者，没有任何受动性，而另一些实体可以是纯粹的受动者，没有任何能动性。我们将这种具有双面性的实体称为施动者/受动者。准确地说，多主体系统由这样的施动者/受动者组成。

5　J. C. R. Licklider, "Man-Computer Symbiosis." *IRE Transactions on Human Factors in Electronics* 1 (March 1960): 4.

6　E.g., A. Damasio, *Descartes' Error: Emotion and Reason and the Human Brain* (New York: Vintage Books, 2006, first published in 1994).

7　E.g., I. Kant, *Kritik der reinen Vernunft* (Hamburg: Felix Meiner Verlag, 1956, first published in 1781).

8　E.g., D. Zahavi, *Self and Other: Exploring Subjectivity, Empathy, and Shame* (Oxford: Oxford University Press, 2014).

9　Kant, *Kritik der reinen Vernunft*; G. F. W. Hegel, *Phänomenologie des Geistes* (Hamburg: Felix Meiner Verlag, 1952, first published in 1807); Heidegger, *Sein und Zeit* (Tübingen: Max Niemeyer Verlag, 1979, first published in 1927).

10　F. Nietzsche, *Also Sprach Zarathustra* (Munich: Wilhelm Goldmann, 1979, first published in 1883); S. Freud, *Das Ich und das Es* (Vienna, Leipzig, Zürich: Internationaler Psychoanalytischer Verlag, 1923).

11　U. Neisser, "Five kinds of self-knowledge." *Philosophical Psychology* 1, no. 1 (1988): 35.

12　Hegel, *Phänomenologie des Geistes*, 140.

ON THE "DOUBLE ONTOLOGIES" IN MODERN CHINA

论现代中国之"双重本体"

孙向晨——文

"'个体'是现代世界的产物,尽管在传统社会也会有某种张扬个性的阶段,比如魏晋风度的反叛个性、晚明时期的个性张扬,但现代的'个体主义'是针对每一个个体的,绝不是精英主义的'个体';是强调'个体'的一种非道德的自由与权利,而不是一种道德上的诉求,不是一种'人皆可以为尧舜'式的个体平等。"

现代中国所呈现出的错综复杂的面目，源自生活世界中的双重视野：一是现代性文明的视域，二是中国文化传统的视野；用更为哲学的方式来表达，就是生活世界之"双重本体"。"双重本体"的提出是为了破解一直以来"古今中西"对于现代中国人的困扰。古今之争，要么陷入"进步模式"的窠臼，一如近代以来的社会达尔文主义的流行，一种粗鄙的进步主义无视人类智慧的积淀，将古代智慧弃之如敝屣；要么以古否今，陷入可悲的保守主义立场，无视现代性对于人类文明的贡献，利奥·施特劳斯在今天中国大行其道即折射出这种向后看的态势。中西之争，很容易陷入各自文化中心论的陷阱。欧洲中心论漠视世界文明的多样性，西化的结果是本土文化更强烈的反击，非西方社会各种原教旨主义的兴起大抵与此有关；中华中心论则无视浩浩荡荡的现代文明，无法汲取人类文明的共同成果，一种封闭僵化的心态暴露无遗。所以，我们要摆脱一直以来在"古今中西"上打转转的宿命，摆脱在文化空间（中西之争）和历史时间（古今之争）上对于我们的双重纠缠；从现实的生活世界出发，从价值形态内在的逻辑出发，从"本体"的高度出发，对于我们生活于其中的"双重世界"作出澄清。

个体为重与亲亲为大

其一是"个体为重"，这是体现现代文明的核心价值。对现代性的解读可以有多种路径，从价值形态上来看，现代社会也有许多基本的价值观念，无论是政治、经济、文化、社会，还是法律、教育，都有来自"现代"的观念。这些观念并不孤立，而是由一系列基本的支柱性观念支撑起来：个人的自由和尊严，社会的发展和正义，国家的富强和民主，这些基本价值观念在现代世界已经深入人心，这不是哪一个文明的特色，而是代表了人类对于自身认识的新进展，是现代文明的重要标志。现代性观念虽源起于西方，其中的这些基本观念却是人类共享的普遍价值，应该是人类共同的价值财富。在价值层面上，以尊重"个体自由"为标志的"个体主义"观念更是现代性的基础性观念。"个体自由"的起源有西方文化传统的根源，在黑格尔看来，这一观念来自罗马世界，也来自基督教传统，但真正在西方世界实现却是在现代，"人格的自由由于基督教而开始开花,并在人类诚然只是一小部分人中间成为普遍原则以来,迄今已有 1500 年。但所有权的自由在这里和那里被承认为原则,可以说还是昨天的事"。在西方文化传统中,"个体"在其中有着"合理的内容",从现代性的角度来看,尤其是在"个体"与"整体"之间何者更为本位的问题上,"个体自由"的本体地位并不是一种价值观上的主观选择。无论东方还是西方,在传统社会中,"个体"皆淹没于"整体"之中,无论那个"整体"是城邦、国家,还是村社、家族,因为对于传统社会来说,人类真正能生存的基本单位在于这种"整体"。所以亚里士多德说:"我们确认自然生成的城邦先于个人,就因为每个隔离的人都不足以自给其生活,必须共同集合于城邦这个整体(才能大家满足其需要)。凡隔离而自外于城邦之人……他如果不是一只野兽,那就是一位神祇。"从历史的发展来看,唯有现代社会的"个体"才真正具有独立地位。按梅因(Henry Sumner Maine)的说法:"'个人'不断地代替'家族'成为民事法律所考虑的单位。""个体"在现代不仅是民事法律所考虑的基本单位,还是构建现代世界的终极单位。"个体"是现代世界的产物,尽管在传统社会也会有某种张扬个性的阶段,比如魏晋风度的反叛个性、晚明时期的个性张扬,但现代的"个体主义"是针对每一个个体的,绝不是精英主义的"个体";是强调"个体"的一种非道德的自由与权利,而不是一种道德上的诉求,不是一种"人皆可以为尧舜"式的个体平等。现代社会强调"个体"的这个特点,梅因认为可以标示为一个新的历史起点:"在以前,'人'的一切关系都是被概括在'家族'关系中的,把这种社会状态作为历史上的一个起点,从这个起点开始,我们似乎是在不断地向着一种新的社会秩序状态移动,在这种新的社会秩序中,所有关系都是因'个人'的自由同意而产生的。"也就是说,在传统社会中,每个人的义务都取决于其在共同体中的位置和角色,而非其自身独立自主的价值,梅因称之为人的"身份"。在这个意义上,我们可以说,从传统社会到现代社会的变迁,也就是个人从"身份"到"个体"的变迁。"个体"的价值和地位并不是不同文明的价值选择,或者不同文明的独特喜好,而是现代性的共同价值基础。

其二是"亲亲为大",这体现中国文化传统的核心价值。今天的我们同时也生活在中国人的"意义世界"中,从根本上讲,我们对于生命的理解,对于

"无论东方还是西方,在传统社会中,'个体'皆淹没于'整体'之中,无论那个'整体'是城邦、国家,还是村社、家族,因为对于传统社会来说,人类真正能生存的基本单位在于这种'整体'。"

伦理源起的理解,对于家庭的理解,对于国家与天下的理解,对于天人关系的理解都有着强烈而独到的"意义系统"。这些传统观念在今天依然有强大的生命力,特别需要得到深刻的反思和现代的表达,这绝对是一个"本体"层面的问题,而不仅仅是一种"文化特色"。这个源自中国文化传统的"意义系统"同样自成一体。

在中国文化传统中,由"亲亲"而发展出"孝悌",由"孝悌"而"仁爱";"亲亲"的特点体现为,对于"生生不息"生命延续的尊重以及在此基础上对于生命意义的理解。因此特别重视"家"的意义,"个体"虽然在现代是生存的终极单位,但人类得以绵延的终极单位还是"家","家"在中国文化传统中具有一种本体论地位,而"孝"则是连接世代的"家"之核心德性,体现了"亲亲人伦"的价值观念,是中国文化传统中伦理体系的基础。"孝,德之始也",传统的"仁义礼智"莫不以此为基础,孟子说:"仁之实,事亲是也。义之实,从兄是也。智之实,知斯二者弗去是也。礼之实,节文斯二者是也。"在"亲亲为大"的基础上,中国文化传统建立了一整套有关家庭、伦理、国家、历史、天下的价值观念。不仅中国的伦理价值建基于此,中国文化传统的尊师好学也奠基于此,对于"学"与"教"的重视也莫不是以生命的源远流长为前提,而"师"作为"教"的承载者、"学"的榜样,对于生命的延续、文化的延续有着极为重要的作用,故民间有"天地君亲师"的牌位。中国文化传统强烈的历史意识和历史责任也与此有关,《中庸》说:"夫孝者,善继人之志,善述人之事者也。""达孝"不仅仅是对生命的感恩,更是继承先人的志向,努力完成之。此外"亲亲"亦是中国人"情之本体"的渊源所在,解决了中国人的希望与感情的归宿。事实上,这种传统的价值观念有其强烈的"合理的内容",但它依然需要我们在现代世界给予其"合理的形式"的表述,也就是它在现代社会的理性化表达,在理论上疏通中国文化传统的合理性内涵是现代中国思想者的重大使命。

西方文明中的"双重本体"及其启示

让我们稍稍来审视一下西方"双重本体"的关系形态。首先希腊－罗马传统与希伯来－基督教传统各有其起源,各自形成了一套独特的价值体系,古希腊的价值体系以智慧、勇敢、节制和正义为"四枢德",基督教的价值体系则以信、望、爱为"三圣德",各有其立足点,互不可化约。从公元4世纪基督教在罗马取得合法地位开始,基督教在征服欧洲的漫长过程中,"双重本体"有着一种奇妙的结合,笔者常常称之为基督教的"特洛伊木马效应"。基督教信仰就像一匹巨硕的特洛伊木马,其中蕴含的恰恰是希腊－罗马的理性军团。欧洲南部的希腊和意大利在古代所达到的文明高度和理性成就,是欧洲北部日耳曼蛮族们所不能直接理解的。蛮族虽然攻陷了罗马,取得了表面上的胜利,但希腊的理性、罗马的政治,乃至整个古典文化传统,这一希腊－罗马的"本体"统统装进了基督教信仰这匹"特洛伊木马"中,在欧洲北方日耳曼民族迎接基督教这匹看似温顺的信仰之马时,真正带给他们洗礼的却是希腊－罗马的理性精神和古典文明。基督教花了一千年时间遍布整个欧洲,当它完成传布基督教信

共生作为方法

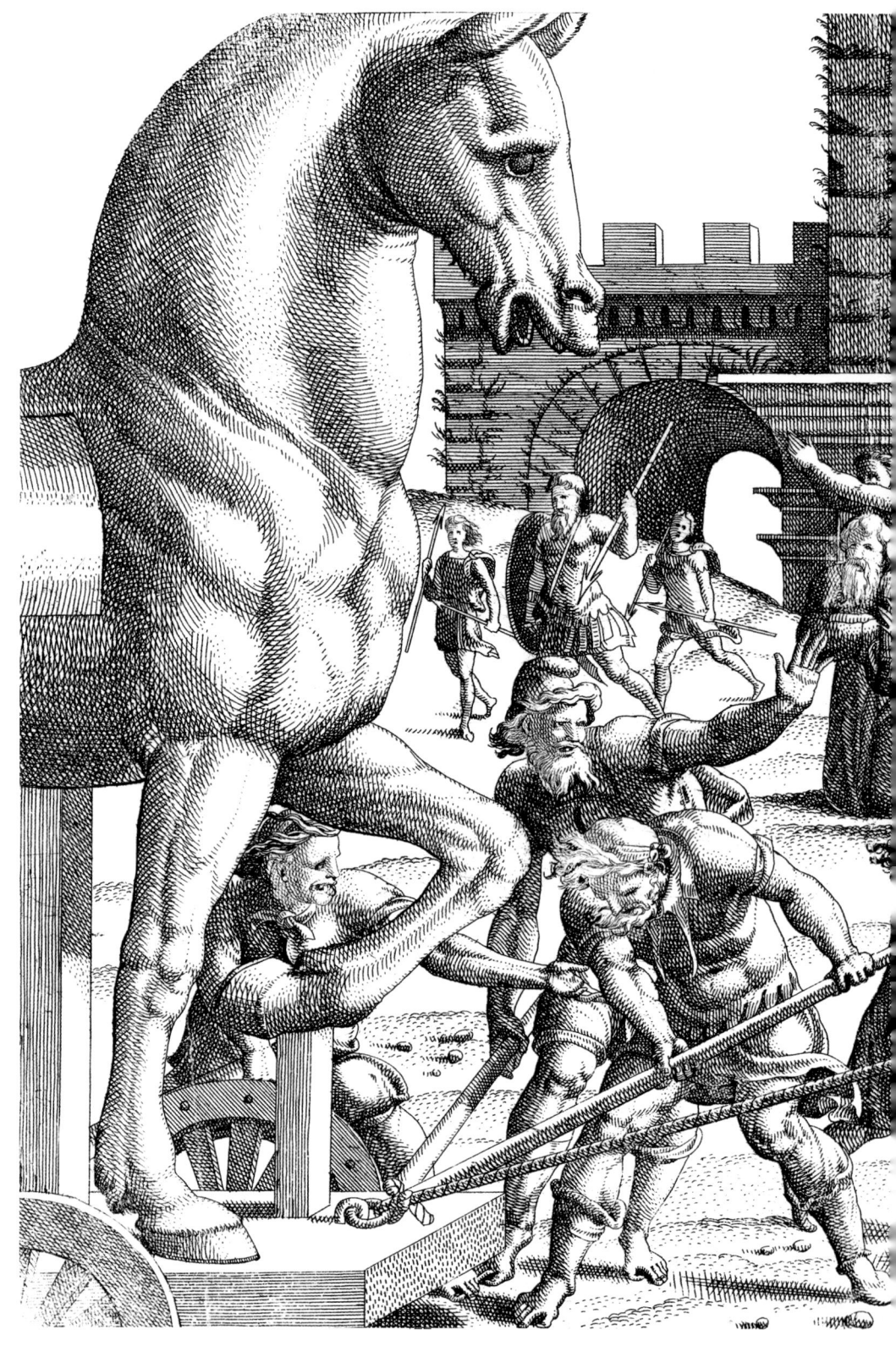

论现代中国之"双重本体"

> "今天的我们同时也生活在中国人的'意义世界'中,从根本上讲,我们对于生命的理解,对于伦理源起的理解,对于家庭的理解,对于国家与天下的理解,对于天人关系的理解都有着强烈而独到的'意义系统'。"

仰的使命时,同时也就把希腊-罗马的"理性本体"带给了整个西方世界。在欧洲各地人们看到的是各式风格的教堂,似乎是宗教信仰成功遍布欧洲的明证。但教堂背后则是高超的建筑艺术,是数学和几何,是精美的绘画和雕塑,是数学般精准的音乐,是哲学化的神学,是逻辑推理和辩证法。教会是信仰的"中保",却有着罗马式的政治和市民社团,等等。基督教对于欧洲社会的教化作用怎么说都不为过,但绝不仅仅是信仰,更是社会生活的全部。其间来自希腊-罗马和来自希伯来-基督教的"双重影响"深深地烙在了西方文化传统的深处。西方的"双重本体"以信仰的方式直接打动人,尤其是针对野蛮民族,之后则是一整套的理性文化,将其教化过来。最终,15世纪的文艺复兴和16世纪的宗教改革完成了"双重本体"在近代西方的最终蜕变。"文艺复兴"是希腊和罗马的理性勇士堂而皇之从基督教的特洛伊木马中走出来的象征,他挺胸占领了新时代的欧洲,之后希腊式的理性主义精神在西方再度辉煌。此时的希腊-罗马已经不再需要躲在基督教信仰后面,它摆脱了信仰的面具,再次找到了自己的天地。"宗教改革"则丢掉沉重的文化负担再次回归质朴的信仰,在完成了它的"特洛伊木马"使命之后回归信仰本身,以更为纯粹的信仰面目流行于世。西方的"双重本体"终于完成了对于西方文明的全面教化而成就其现代心灵。在这个意义上,我们就能够理解为什么黑格尔《精神现象学》中,在希腊的伦理精神之后,从中世纪一直到近代启蒙的整个阶段都浓墨重彩地刻画为"教化"的精神历程,这就是西方文化"双重本体"的融合过程以及基于"双重本体"的"教化"过程。"教化"说明了欧洲文明发展的整体性,整个欧洲被教化了

论现代中国之"双重本体"

"康德的命题表明，不要盲目追求逻辑上的一致性，不要单纯用'知识眼光'看待整个'生活世界'，必须充分尊重'文化传统'构建的'意义系统'。对于中国人来说，前半句可与康德共享，在理性层面共同推进知识的进步，同时记得为知识划定界限；后半句则应有中国人自己的理解，那就是'为文化传统留出空间'。为文化传统留出空间，正是为了让我们能够正视自己的生存论经验和价值观念，正视自己的价值'本体'。"

一千年，"双重本体"的冲突和融合是其间跌宕起伏的主题。

认识到基督教的信仰问题是西方世界互补结构的支柱要素，是其"双重本体"之一，这也是近年来中国西学研究的一大成就。长期以来，受"五四"新文化运动的影响，我们总是把"科学"与"民主"作为理解西方的过滤镜，造成了对于西方文化理解的片面性，认识不到基督教信仰对于西方的巨大形塑作用。古典文艺的再度复兴与宗教改革的信仰回归，是在现代性框架下为西方文化的"双重本体"重新做了安置，康德一句"限制知识为信仰留出空间"的名言，正是现代世界中西方价值形态"双重本体"的体现。如果不知其所以然，也想以限制知识来学习信仰，甚至通过全面基督教化中国以迎接现代性，那么这看似有理的做法，实则大谬，亦是现代性与西学传统相混淆的结果。康德的贡献在于，他在启蒙时代就已经深切认识到理性化的现代世界绝不是生活的全部，知识也难以涵盖整个现代生活。于是，他要界定知识范围，同时为西方人的文化"传统"，也就是西方"双重本体"之一的基督教信仰留出空间。康德的命题表明，不要盲目追求逻辑上的一致性，不要单纯用"知识眼光"看待整个"生活世界"，必须充分尊重"文化传统"构建的"意义系统"。对于中国人来说，前半句可与康德共享，在理性层面共同推进知识的进步，同时记得为知识划定界限；后半句则应有中国人自己的理解，那就是"为文化传统留出空间"。为"文化传统"留出空间，正是为了让我们能够正视自己的生存论经验和价值观念，正视自己的价值"本体"。

如何安置"双重本体"

康德以"限制知识为信仰留出空间"安置好了西方文化的"双重本体"，那么，构成现代中国人生活世界的"双重本体"又将如何安置呢？

第一个原则是"双重本体"各自有其整全性。无论是现代文明的核心价值，还是中国文化传统的核心价值，在长期发展中都形成了一套自己的价值体系。称之为"双重本体"，就是因为这两者之间有着难以消融的关系，各有其独立价值。从独立的"个体"出发，还是从世代承续的"亲亲"出发，"两者"都是不可还原的终极单位，都有各种普遍性意义，谁也替代不了谁。

论现代中国之"双重本体"

从现代性价值形态来说，从确认"个体权利"的开始到道德规范的形成，以及最终对于家庭、市民社会和国家问题形成了一整套的理解。中国文化传统下的价值形态，也以"修齐治平""内圣外王"等一系列方式来展开。比如在中国古代，无论是董仲舒，还是朱熹，他们所确立的汉学和宋学都与先秦儒学有很大不同，他们都容纳了那个时代的多种思想要素，或是阴阳家，或是佛家，从而形成一整套思想体系。"双重本体"首先意味着各自有一套整全的体系，我们首先需要正本清源，梳理清楚"双重本体"各自的逻辑结构，看清这"双重本体"相合与相异之处，看清各自的利弊所在。现代文明的核心价值在现代世界形成了一整套普世化的话语体系，但在非西方社会，它却处于能说不能行的状态。中国文化传统的核心价值在不同时代也形成了自己的话语特点，比如

> **"'互参'意味着'双重本体'的相互参照，意味着在生活世界中的相互参与以及相互检验，其过程可能有冲突，可能有互补，可能有融合，可能有超越。"**

朱熹对于中国传统文化中的经、史、子、集进行了全面阐释，形成了宋明理学的思想体系，使儒家思想再次支配中国主流思想几百年。时至今日，中国文化传统在现代世界尚没有形成完整的话语体系。"本体"的整全性意味着其作为一种价值形态还需要最大限度地整合各种要素，形成系统化的话语体系，如此才能长久维持下去。尽管在各种社会中都存在通过强力，甚至通过暴力来维持的局面，但很快就会捉襟见肘。一定要形成一整套慑服人心的价值体系，才能长治久安。在这个地球上，曾经存在过很多文明形态，一旦当它的原则不再能吸纳新的变化，不再能发生整体性调整时，这个文明就会迅速衰落，乃至灭亡。中国文化传统的价值形态，期待在"双重本体"的作用下，发生新的变化，吸

纳新的原则，一如在中国历史上，宋明理学大量吸纳佛学要素，从而在新的时代完成自身整全性的论述。

第二个原则在于"个体"的优先性地位，"个体"的优先性在于肯定中国近代以来仁人志士的艰难努力。我们必须看到中国文化传统尽管有其优越性，但是"五四"新文化运动的批判也有其合理性，对于现代中国的建立有其不可或缺的价值；如果没有"个体自由"的中介，"亲亲为大"在现代社会就焕发不出富有生命力的意义。"亲亲"之于"个体"的价值也就展现不出，会继续被诟病。近年来，在发扬"国学"的名义下，各种乌烟瘴气的事例也时有发生，在面对一系列事例时，也会发生各种错位的评论，究其根本，他们始终没有明白这已经是一个"现代文明"的世界，没有对"每一个人的自由、权利和尊严"的尊重，一切过往的形态在现代世界都是站立不起来的。不明白这一点，"亲亲为大"所代表的中国文化传统在现代世界也将难以立足。在现代中国，也有人确实试图以"中华性"替代"现代性"，但这一企图有着巨大风险，它忽视了现代性所具有的普遍主义价值，无视现代文明对于人类文明化程度提高的巨大贡献。单纯的"中华性"并不是对于现代中国生活世界的真实反映。在价值秩序上，启蒙是现代文明的门槛，各种价值观念没有经过启蒙的洗礼，很难在现代世界站稳脚跟，启蒙最根本的意义在于确认对"每一个人的自由、权利和尊严"的尊重，以及凡事必须经过理性的公开审视。在这个意义上，中国文化传统要想在现代世界浴火重生，必须经过现代性，必须经过自由平等的"个体"的中介；同时，中国文化传统的普遍性价值诉求，也必须经过理性的审视，才有可能在现代世界继续存在。

第三个原则是"双重本体"的互参性。"参"在汉语中，有"参与"和"检验"的意思。"互参"意味着"双重本体"的相互参照，意味着在生活世界中的相互参与以及相互检验，其过程可能有冲突，可能有互补，可能有融合，可能有超越。在西方文化传统中，理性与信仰也是经过长时间的"互参"之后，终于在近代早期形成了某种良性的互补性，或者像传统中国文化传统，经过春秋战国之际儒道的猛烈碰撞，最终形成了中国文化传统中的"儒道互补"。在现代中国的生活世界中尽管存在着"双重本体"，其间的关系正处于相互"观照"之际，向磨合成一种整体的互补关系进发。毫无疑问，中国文化传统有其消极

一面,"五四"新文化运动以来的"观照",使我们在自我批判的内容方面有了相当的积累,对此人们并不陌生。这就是以"个体"的立场反思"亲亲"在历史上机制化的表达对于人的自由的重重束缚。另一方面,"个体本位"在西方的发展也暴露出自身的种种缺陷,它在中国也需要"亲亲为大"的情感支撑与约束。所以,"双重本体"的互参性正在于如何使之浴火重生,使中国文化传统与现代文明的核心观念相衔接从而完成自身的转型。正如我们所说,一个社会的价值形态是一个"意义体系",它是整全性的,而不只是单独一两个价值观念的提出。现代文明的核心价值支撑起现代世界的价值形态;中国文化传统也有自身独立的价值,它并不肩负"坎陷"出现代价值观念的责任,而是要看清现代文明的核心观念与中国文化传统何以在义理上可以有内在的互补性。"双重本体"的关系有形式化与实质化结合的形态,也有某种工具理性与价值理性结合的关系;有处于政治与社会两个层面之间的互补,也有各自伸张出的限制。丹尼尔·贝尔曾用"领域断裂"来解释不同领域各自不同的价值取向:经济上的社会主义,政治上的自由主义,文化上的保守主义,各自独立,互不相干。单是这样的解说尚缺乏说服力。在破除了"普遍"与"特殊"、"原理"与"语境"、"决定"与"被决定"等诸多模式之后,在放弃寻求黑格尔式总体性历史解决之后,源自"双重本体"的不同价值取向,需要相互向对方开放,并疏通其间的内在脉络,这将是一个长期的过程。在看似冲突、矛盾的价值观念背后,基于对生命的整全性理解,中国文化传统下的价值观念与现代性的价值观念最终完全可以形成一种互补形态。

第四个原则是"双重本体"的关系指向超越性。"双重本体"的关系不仅是应对当下的世界,还必须有前瞻性和超越性。中国文化传统价值形态在现代世界的再次重生并不是以现代性为自己的终极目的,现代文明在其自身展开的过程已经显示出重重危机,现代性世界体系尽管在话语体系中有其周延性,但在现实层面的展开却不尽合理。因此"双重本体"在现代中国展开的使命,是努力为人类的未来探索新的可能性。近代以来的中国学者似乎都以努力把现代性价值观念嫁接到中国文化传统上为使命,是把一重"本体"的内涵嫁接到另一重"本体"之中。比如,强调如何从中国文化传统中"良知坎陷"出科学和民主。其实完全没有这个必要,"科学和民主"虽源自西方文化传统,在理性化基础上已经获得了自洽说明，获得了现代世界的合法性，并且已经在现代世界中起着支配性作用；这并不需要我们的"坎陷"，它已然存在于我们的生活世界中，并在我们的生活中发挥着深刻作用。在这方面，我们只需要有宽阔的胸怀，采纳人类文明的精神成果为己所用即可。当代世界的深刻变化表明，更为重要的问题是如何面对现代性自身日益暴露出来的问题：现代生活的全面抽象化、资本强有力的统辖、消费主义的猖狂泛滥、贫富差距的拉大、道德的滑坡、虚无主义的盛行、世界秩序的失衡、生态平衡的危机，等等。我们必须深思，从中国文化传统的价值资源来看这个"本体"，我们究竟能以什么样的方式诊断现代性，以什么样的资源应对现代性的困境，批判乃至最终超越现代性的限制。当年德国知识分子曾感叹于德国与世界的关系，德国低于时代发展的水平，但很快德国哲学家就以人类代言人的面目出现。今天的中国也处于类似的境地，人类需要重新审视当下的生活，世界等待着中国的成长；当中国开始与世界并行时，"世界问题"同时就是"中国问题"，"中国问题"同时就是"世界问题"。因此，"双重本体"在现代中国的激荡应该能够回应现代世界的期待。

结语：名正言顺

　　现代中国生活世界"双重本体"的处境，决定了任何一种真正具有思想活力的价值形态都必然内含着一种比较和对话的视域。现代中国要厘清"生活世界"中的任何一个价值问题，其视野也都必定是现代文明与中国文化传统的比较与交融。"双重本体"决定了现代中国的价值形态必将是一种真正意义上的"视界融合"。"双重本体"的视界融合并不是流俗意义上的"比较哲学"。反之，"比较哲学"的可比性必须回归到"双重本体"的根基上，回到基本生存论经验中。在这个意义上，"中"就不再是纯中，"以中释中"只能是一种纯粹的幻想，并没有现实的空间。我们为此必须肩负起比西方人更大的负担，同时这也造就了我们的内在优势。当面对世界保持开放心态，正视自己而不扭曲传统时，一种真正严肃的研究必将是让"双重本体"的根本价值置于"面对面"的境地，现代中国的价值体系也必将迎来它的新形态。

　　"双重本体"圆融的意义体系对于构建现代中国的价值形态意义非凡。因为"意义系统"最终是要解决我们今天行为的合法性问题。当子路问政于孔子时,孔子说:"必也正名乎。"孔子的说法看似迂阔,却深切地看到"名不正,则言不顺;言不顺,则事不成",最终导致"民无所措手足"。今天的"名正言顺"就在于我们要正视生活世界的"双重本体",建立行之有效的价值体系,这样才可能使我们的生活名实相符,名正言顺,正大光明。**B**

节选自《论家——个体与亲亲》,华东师范大学出版社,2019年。

孙向晨 复旦大学哲学学院教授。

OUR KYŌSEI
HOW THE PERSONAL WORKS

我们的共生
个体的作用

中岛隆博——文

王家宝——译

"共生"的概念史

首先,让我们回顾日本"共生"(kyōsei)概念的历史。在这方面,镰仓时代净土宗的创建者法然(1133—1212)常被提及。法然说:"愿共众生,往生安乐国。"我们从中得到了两个词:"共"与"生",它们被结合成一个观念——"共生"。所以,"共生"是这两个词的合成词。然而,法然的话原本来自唐代净土宗僧侣善导(613—681)所著的《往生礼赞》,其本义是"让我们一起往生净土极乐世界"。

将法然的理念重新解释为"共生"(tomoiki)的是净土宗增上寺的高僧椎尾弁匡(1876—1971),也就是弁匡上人。他是1922年"共生运动"的发起者。菊山隆嘉认为,椎尾弁匡将佛教视为人与社会的宗教,他对作为其思想基础的善导净土宗的研究,尤其是善导对凡人的看法,促使他将觉醒运动命名为"Tomoiki"。"Tomoiki"这个名字是椎尾在"Tomoik 大会"(菊山隆嘉 2017,23)开幕的筹备会议上亲自决定的。这个"Tomoiki"就成了"Kyōsei"。

如果我们进一步追溯"共生"概念的历史,就会看到一个可怕的口号。随着时间的推移,"共生同死"或"同生共死"等表述被亲日派傀儡政权的亚洲国家领导人使用(上野隆生 2010,266)。换句话说,它的意思是"与作为国家的日本同生死"(上野隆生 2010,266)。在极端情况下,冲绳战役中出现了"军官民共生共死"的观念(上野隆生 2010,267)。这是一种共同的生存和共同的死亡,就好像一个人把自己的生命和死亡献给了军国主义。这与法然"让我们一起往生净土极乐世界"的愿望背道而驰。

作为国家主权的核能

"与作为国家的日本同生死"的当代标志,就是核电站。在 2011 年 3 月 11 日之后,2012 年 8 月京都大学反应堆研究所*的山名元教授在《产经新闻》发表了一篇题为《要知道,核能是主权的基石》的文章。他说:

---

* 2018 年 4 月改名为京都大学原子能综合科学研究院。——编者

或许我们的许多公民对"国家对其领土的主权"有着现实的危机感。然而，可能我们的公民少有认识到，"能源政策"和领土问题一样，是我国主权和民族存亡的根本。（山名元 2012，7）

主权的基石不仅仅在于领土，还在于"能源政策"，尤其在于核能。这一宣言值得关注，因为它切中了日本在核能发电政策上的精髓。2012 年 6 月，《原子能基本法》被修订，并且给条款 2 增加了额外部分：

第 2 条

2. 关于前款所述的"确保安全"，活动应按照既定的国际标准进行，目的是促进我国的安全，保护环境，保护公民的财产、健康和生命。

自《原子能基本法》通过半个多世纪以来，添写的"促进我国的安全"这一短语清楚表明，核能就是国家主权本身。

让我们在这个框架中思考"共生"。我们被要求从"共生"中思考的，是被作为国家主权的核能污染的自然。如果我们借用韩国现代东亚史学者白永瑞浓缩了现代性矛盾的"核心现场"（core site）概念，2011 年 3 月 11 日之后的福岛就是"核心现场"之一。为了解决这一矛盾，我想讨论在福岛县饭馆村的"福岛再生"活动。

"福岛再生"中的"共生"挑战

"福岛再生"是一个新公共组织（NPO），其职责如下：

"福岛再生"是一个新公共组织，旨在重建受福岛第一核电站事故影响的生活和以农业为中心的产业。

2011 年 6 月，田尾阳一和其他 15 名成员访问了饭馆村，并对受害者深表同情。他们是从辐射污染地区撤离的人，但仍然对自己的原始生活和代代相传的土地保持着强烈而不变的眷恋。"福岛再生"是自发成立的非营利团体，

目的是复兴饭馆村村民的生活和以农业为中心的产业。

在被核电站事故污染之前,饭馆村是一个非常美丽的村庄,曾被选为"日本最美村庄"之一,出产十分优良的牛肉。然而,在核电站事故之后,饭馆村的村民被迫离开村庄。核电站事故之前,饭馆村的人口数量超过6000人,但是如今返回村庄的大约只有1500人。[1]

"福岛再生"的代表是田尾阳一。他在2024年3月11日通过邮件发送给我一个文件,描述了饭馆村与自然的共生:

> 饭馆村站在解决21世纪三大问题的前沿:粮食、能源与人口超老龄化。有很多人认为"这个村庄最终会沉入森林",因为它无法从核电站事故中恢复过来。然而,丢弃一种人类和自然都可以共生的生活方式和生计,不仅对饭馆村来说是一个挑战,对日本和世界来说也是一个挑战。
>
> 自然与人类关系的复苏是一切事物的基础。自20世纪80年代经济高增长时期以来,日本一直在追逐超越欧美成为世界上最先进工业化国家的共同幻觉。然而,最初的日本群岛是一个以农业、林业、渔业和畜牧业为基础的社会,与自然融为一体。社会结构必须基于这个出发点进行改革。工业是支持这种社会结构的技术,而我们应该用工业产品出口的收入进口粮食和饲料的想法将导致这个群岛的衰落。(田尾阳一 2024,1)

田尾阳一严厉批判了日本"成为世界上最先进工业化国家的共同幻觉"。2011年3月11日前的技术加速已经造成了社会结构的破坏。核电站事故是这个"共同幻觉"不可避免的结果。

我们如何改变这个"共同幻觉",并实现人与自然之间的"共生"?在这一点上,田尾阳一挑战了现代日本民族国家的"中央集权",并赋予地方共同体中"地方创造性的主体"权力。这就是分配在原子能方面代表国家主权以及创建新的公共组织的活动。

在另一篇文章中,他概述了一个主权伙伴关系的新观点:

我们的共生

"如果认真思考国家主权与人民主权之间的差异，并且扩大后者的可能性，我们可以想象超越国界与'韩国、中国和世界其他地区'的其他村庄和城市的'基于地方的共同体的联邦社会'。这就是主权伙伴关系的中心观点。为此，我们必须关注地方的共同体，而不是民族国家。"

因此，我认为，假如饭馆村与韩国、中国和世界其他地区的农村地方团结起来，对未来和和平都会更好。这听起来像是一场白日梦，但是在根本上，共同体单位逐渐变得越来越大，形成了一个现代国家。不是只考虑加强它，我只是想说，"为什么我们不创建一个'基于地方的共同体的联邦社会'，这样我们就可以再次在自己的脚下形成一种适当的民意"。（田尾阳一 2021，23）

如果认真思考国家主权与人民主权之间的差异，并且扩大后者的可能性，我们可以想象超越国界与"韩国、中国和世界其他地区"的其他村庄和城市的"基于地方的共同体的联邦社会"。这就是主权伙伴关系的中心观点。为此，我们必须关注地方的共同体，而不是民族国家。

人类共同生成的生活

2016年10月，主题为"下一个五年：饭馆村居民的考虑"的第十三次"福岛再生"活动报告会议在东京大学农学系举办。这个会议在农学系举办的原因是，饭馆村与东京大学农学系一起致力于净化土地，在高辐射条件下发展新的农业实践。我对饭馆村村民自己回顾过去五年并在汇报会上编织自己的话语的方式印象深刻。我不确定这样说是否合适，不过他们的话似乎在哲学上发荣滋长并开花结果，凝结出精炼的概念。其中，我想介绍一下菅野荣子的话：

我还决定，我生命中的最后一个地方将是小村庄，所以那些山脉和河流的景象，干净的空气、清澈的小溪和潺潺的水流，都刻在我的脑海中。我决定和菅野芳子回到村庄。我不能独自生活，但是与她一起我们可以。[……]
　　我们在撤离后与人们的相遇，一起制作味噌和冷冻年糕，以及参加这次汇报会的人，成为一笔巨大的财富。尽管已是一个老人，但我想迈出复兴那个美丽村庄的第一步，同时充分展示这个宝藏。在辐射肆虐的疏散区，我对自己的生活没有希望，但现在我找到了希望。我要和菅野芳子一起回家。（田尾阳一 2020，253—254）

　　考虑到人们在疏散地点完全共同生活在一起，菅野荣子决定与她想回家的朋友菅野芳子一起返回饭馆村。"我不能独自生活，但是与她一起我们可以"告诉我们人类共同生存的意义在于，我们与他人成为人类。如果我们的"共生"有希望的话，那就是在与人们见面、共同创造和通过演讲进行报告的活动中。

　　我也碰巧出席了汇报会，不仅菅野荣子的话，饭馆村村民的话也深深震撼了我，并引起了与他人的共鸣。

　　这正是田尾阳一努力实现的新的公共组织或开放性。我期待着"福岛再生"带来的持续的哲学和实践挑战，并希望在理解这些努力的意义的基础上，新的公共组织或开放性将在各处展现。

使人类"地方化"（Provincialize the Human）

　　回到在自然与人类共同生成之间的共生问题。田尾阳一曾在东京大学科学研究生院高能物理系接受教育。他对自然科学和先进技术有着广泛而深入的了解。然而，他坦言："我读研究生时主修高能物理。我记得我强烈反对一位核工程教授向我们保证核电站是绝对安全的。"（田尾阳一 2020，8）我们如何通过界定先进技术的力量来改变我们的生活方式？我认为，将当地原住民的生活方式智慧与被技术知识污染的自然重新结合起来是一条狭路。

　　在这方面，我想参考查克拉巴蒂（Dipesh Chakrabarty）"建立智识纽带"（intellectual kin-making）的想法。查克拉巴蒂是下层研究的著名学者。为了倾听像下层民众一样被边缘化和异化的人们的声音，必须将以欧洲为中心的社会结构地方化。尽管如此，欧洲的地方化不足以应对受污染自然的全球危机。我们进一步将人类地方化。

> 如果今天有人问我，"我在气候相关工作中把什么地方化了？"我可能会说，我把人类地方化了，而且是作为一名人文主义的人类历史学家。（Chakrabarty 2023, 18）

查克拉巴蒂在人类地方化中所想象的，是"想象并实施一个缩小人类现代领域的过程"（Chakrabarty 2023, 42）。我们需要收回"现代人类"对自然的剥削。

有趣的是，查克拉巴蒂在这里介绍了基默尔（Robin Wall Kimmerer）的行动，作为一个对自然的新态度的例证。基默尔是一位生物学家，以其著作《编织香草——本土智慧、科学知识和植物教学》而闻名。基默尔用土著语"Puhpowee"（Kimmerer 2000, 48）描述了蘑菇从土壤中生长出来的过程，并试图将生物学与本地智慧联系起来。查克拉巴蒂这样解释她的活动：

> 我从基默尔的思想中并没有学到任何普遍性。我所获得的是典范。她言传身教。她通过自己的例子展示了如何跨越真实和严重的差异说话。她身上存在的差异——她受过生物学家训练的自己和作为本地人的自己。这就是面对日益严重的气候变化紧急情况时"与之相处"的政治。基默尔证明了植物学和该国本土知识之间可能存在亲缘关系。智识纽带并不能消除差异和产生身份。就像纠缠一样，它使我们的内心在智识上多元化，生活在霍米·巴巴（Homi Bhabha）一度称之为"内在差异"的危险快乐中。（Chakrabarty 2023, 105）

正如基默尔所做的那样，从多元分化的自我中构成自己，就是向一种没有身份的差异或一种不能简化为任何身份的差异敞开自我，无论是文化身份还是自我认同。如今，正是这一点需要以一种表率的方式加以分享。重要的是将生物学的科学知识和"地方的本土知识"联系起来，而不是将它们作为两个独立

"这使我们能够考虑'与他人相处'的艺术。如果每个人都坚持自己单一的、基于身份的存在方式,那么'共生'与他人、其他社会和其他文化的相处就永远无法实现。只有当我们已经是多元的,有可能在他们之间建立亲缘关系,并且总是以不同的方式存在时,我们才能——借用查克拉巴蒂经常提到的吉尔·德勒兹式的短语——打开'成为他人'的视野。"

的事物。

这使我们能够考虑"与他人相处"的艺术。如果每个人都坚持自己单一的、基于身份的存在方式,那么"共生"与他人、其他社会和其他文化的相处就永远无法实现。只有当我们已经是多元的,有可能在他们之间建立亲缘关系,并且总是以不同的方式存在时,我们才能——借用查克拉巴蒂经常提到的吉尔·德勒兹式的短语——打开"成为他人"的视野。

个体(the Personal)

时间和空间上在一起,似乎是"共生"成为可能的必要条件。然而,在新冠大流行期间,保持社交距离和上网受到鼓励,我们被要求尽可能少在一起。仿佛我们周围的人都是潜在的敌人。事实上,你自己可能才是潜在的敌人,因为你甚至不知道自己是否被感染。换言之,新冠带来的情况并不适合有名无实的"共生"。如果不仔细考虑在一起显然很困难的情况,我们甚至不会达到我们所讨论的"共生"的生活。

在一起,并不是一种容易的态度。"共生共死"所代表的在一起,对于那些提出坚决要求的人来说可能很容易,但对于那些被坚决要求的人来说并不容易。更重要的是思考在每个特定情况下的相处方式。经验告诉我们,在一起往往是行不通的。尤其是与敌对的同伴在一起,我们最终往往没有在一起。除非我们从这样一个事实来看待"共生",即在某些情况下,不可能以浪漫的方式在一起,否则我们将无法摆脱新冠的束缚,即不在一起就优先考虑生命。简言之,我们被要求从根本上重新思考人类的生活方式以及与他人相处的方式。

在思考"在一起"和"不在一起"时,我想介绍一下个体(the personal)概念。它既不是私人的,也不是公共的。公共的以在一起为前提。另一方面,私人的则预设了一个与他人分离的私人空间。在许多情况下,我们的想象提供了私人的个体切断公共领域的外部关系的画面。不在一起是把自己封闭在内心的一个私人的个体中,而在一起是与外部的其他人共存。

然而,就个体(the personal)而言,两者都不是。这让我想起了铃木大拙的"人"(person)概念和井筒俊彦的"the personal"概念。铃木大拙(1870—1966)在《日

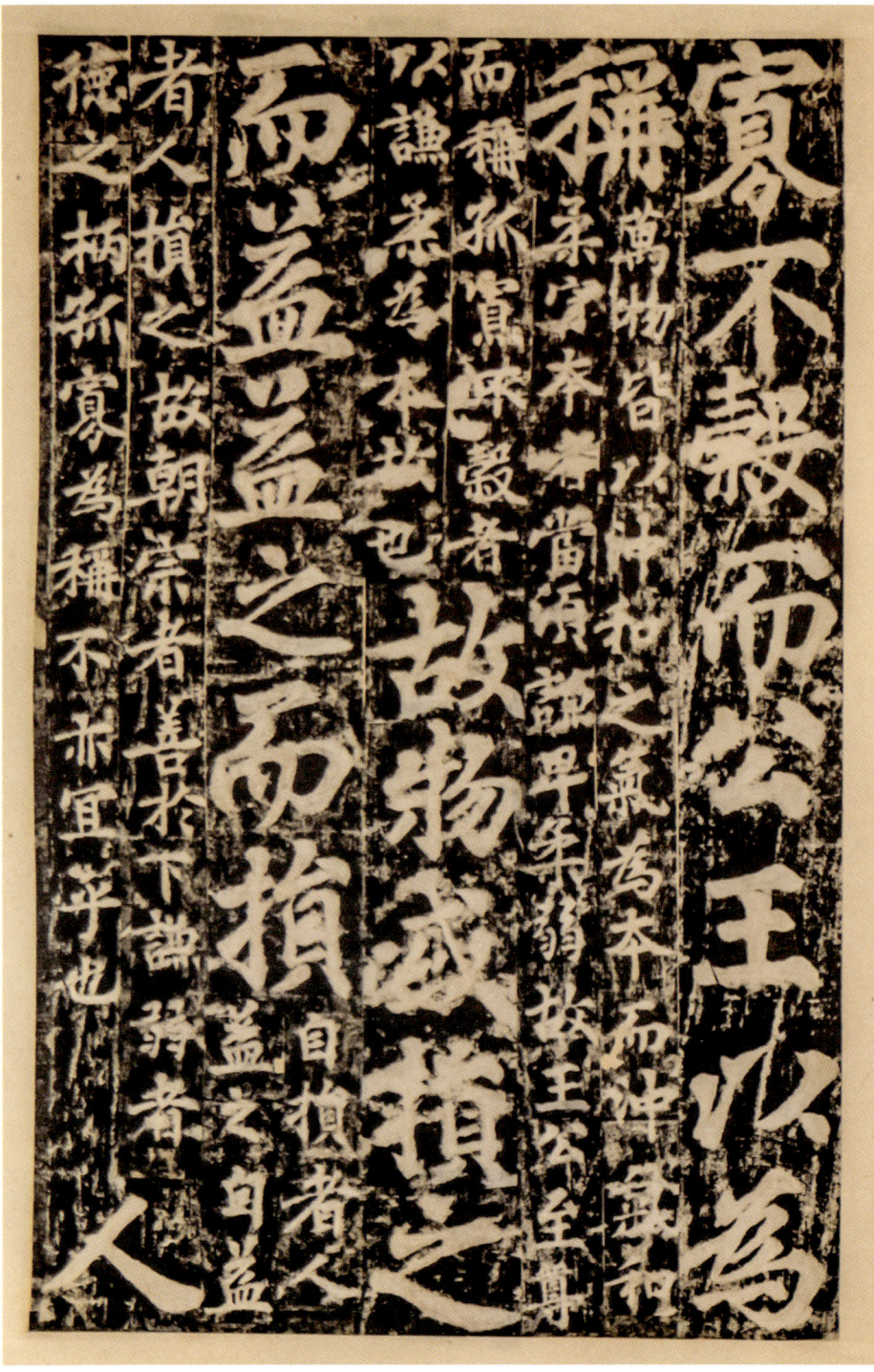

我们的共生

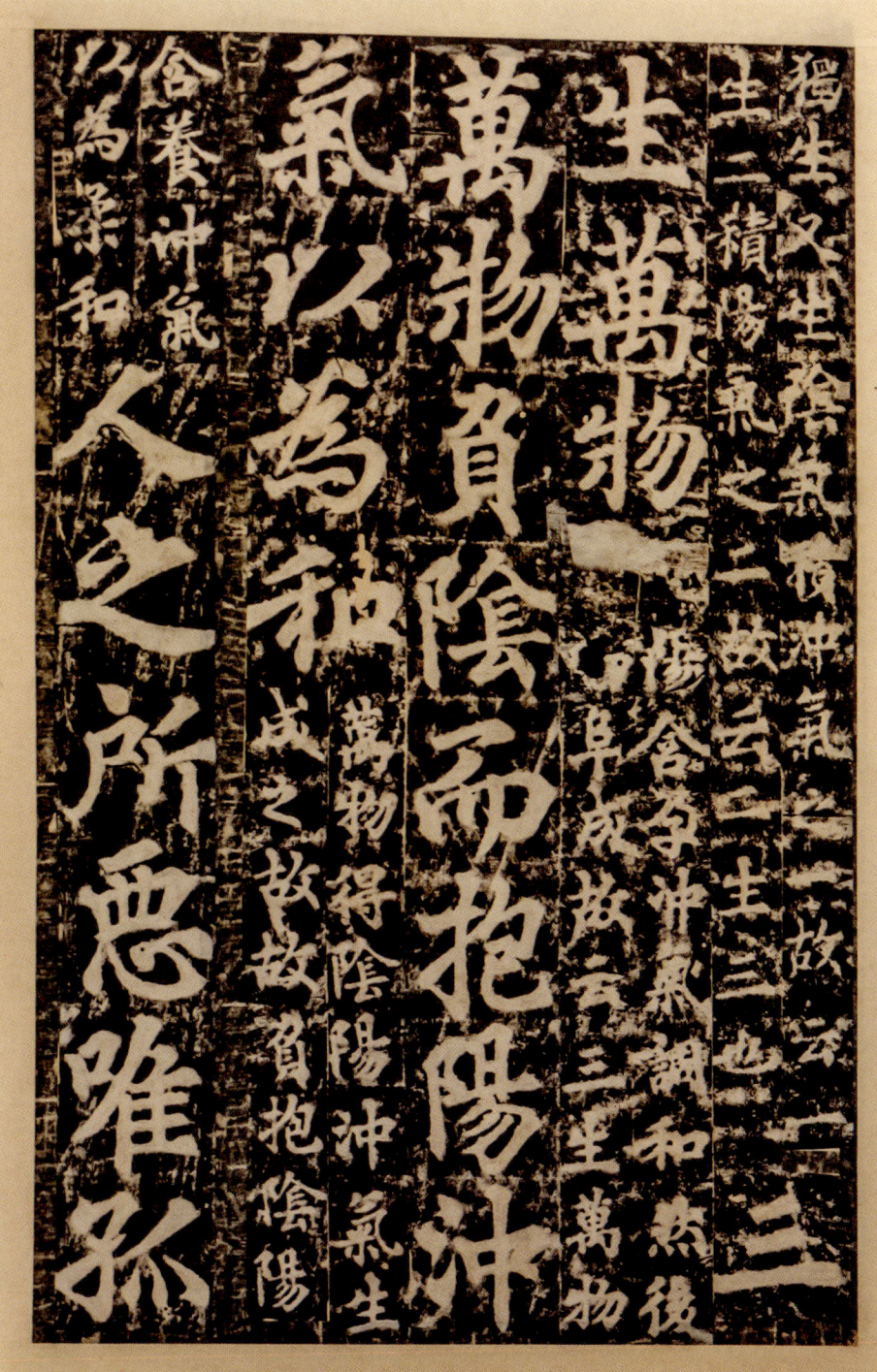

"'personal'不是'个体的自我',而是它的完全否定。那么,什么是the personal呢?它是第一人称代词'我'。它是人称代词,因为它被视为代词而不是名词,这一论点让我们回到了欧洲中世纪神学中专有名称与存在的此性(haecceitas)的讨论。"

本精神》中谈到了"超越个体性的人"(铃木大拙 1972,76):

> 超个体的人并非没有与个体的自我的关系:它们之间存在着深刻的、事实上不可分割的关系。虽然我们不能说人(person)是个体的自我,但人仍然不能脱离它而存在。超越个体的自我的人真的是一个奇迹,用临济的话来说是一个"无位真人",或者用另一位大师的话来说,是"在无数现象中显露自己的孤独的身体"。这个人所经历的情感,是日本精神性的节奏运动。(铃木大拙 1972,76—77)

铃木试图找到一个与私人的"个体自我"相关但超越它的人的维度。

循着铃木的思维方式,井筒俊彦(1914—1993)试图通过将 the person 置于一种神秘体验中——尤其是在萨满教的谱系中——来重读《道德经》。

> 当把之前的观察放在心上来读《道德经》时,我们不能不感觉到,可以说,一个非凡的人的气息弥漫在整本书中,一个不同寻常的哲学家的精神在整本书里跳动。我欣然承认,尽管后来有了所有可能的补充和添写,但我不同意这样一种观点,即《道德经》是一部由各种不同来源的思想片段组成的汇编。因为在这本书中,有一种基本的一致在我们身上随处可见。这种一致是 personal 的。事实上,作为一个整体的《道德经》是一部独特的作品,其很明显地被一个不同寻常的萨满哲学家的 personality 所着色。(Izutsu 1983,

291—292）

在这里可以看到，井筒俊彦完全不同意现代意义上的个体作者概念。相反，《道德经》中争论的是"person"，即作为"萨满"的人，一个站在现代的自我之外的古代存在。苏非主义和道教接着详细讨论了萨满，但他们必须被理解为"personal"的萨满，超出了某些类型的文化人类学所针对的萨满的理解。

这种 personal 观念在井筒俊彦的《道德经》英译本中得到了更详细的发展。井筒俊彦承认，"恰恰相反，在《道德经》中，绝对没有这种 personal 具体性可被观察到"，但他也表示，他并不是说"他（或他所写的书）在各个方面、各个意义上都是非 personal 的"（Izutsu 2001, 21）。为什么？

> 恰恰相反，《道德经》在某种意义上是一本极其 personal 的书。这本书的"personal"性质主要来源于老子以第一人称叙述的事实。在整本书中，言语的主题总是无处不在的"我"。这里的"我"不是作为个体经验体验的中心的自我存在，而是一个失去自我的人的存在意识，他失去了作为"名"自我的自我，现在完全认同于"无名"。换言之，它指的是一种无名的自我，它根据自然本身的创造性活动而存在和行动。这个无名的自我，建立在对个体自我的完全否定的基础上，因此，它只在超越"名"的存在的形而上学维度中表现出来，它在《道德经》中以第一人称代词的形式表现出来。因此，贯穿全书的是一种极其奇特的 personal 具体性。（Izutsu 2001, 21—22）

可以清楚看到，"personal"不是"个体的自我"，而是它的完全否定。那么，什么是 the personal 呢？它是第一人称代词"我"（I）。它是人称代词，因为它被视为代词而不是名词，这一论点让我们回到了欧洲中世纪神学中专有名称与存在的此性（haecceitas）的讨论。

"我们的共生"

如果"personal"是作为第一人称代词的"我"，这个"我"应该向多元性

"如果'personal'是作为第一人称代词的'我',这个'我'应该向多元性开放。在这种情况下,'personal'可能由其他的'我'构成,而'personal'与自我和私人脱节。作为多元性的个人'我',将是'我们(基于'我'的)的共生'的基础。"

"既然这个'我'是一个代词,它就是一个永远不能私自封闭的'我',而是一个可以与他人替换的'我'。我们之间的联系不是以外部关系,而是以一种更为复杂的方式,因为这种情况本身就是一种'作为自存的事物的关系'。"

开放。在这种情况下，"personal"可能由其他的"我"构成，而"personal"与自我和私人脱节。作为多元性的个人"我"，将是"我们（基于'我'的）的共生"的基础。

既然这个"我"是一个代词，它就是一个永远不能私自封闭的"我"，而是一个可以与他人替换的"我"。我们之间的联系不是以外部关系，而是以一种更为复杂的方式，因为这种情况本身就是一种"作为自存的事物的关系"（山内志朗2020，3）。

"我们的共生"可能会在断开与连接之间的不断运动中被瞥见，我希望"我们的共生"将为我们作为人类共生的新的生活方式提供一个线索，而这远不是"共生共死"。🅑

中岛隆博　日本东京大学东洋文化研究所所长、教授。

1　参看 https://www.vill.iitate.fukushima.jp/soshiki/2/424.html. Access on March 11, 2024.

参考文献

1　Chakrabarty, Dipesh. 2023. *One Planet, Many Worlds: The Climate Parallax*. Waltham, MA: Brandeis University Press.
2　Izutsu, Toshihiko. 1983. *Sufism and Taoism: A Comparative Study of Key Philosophical Concepts*.Berkeley; Los Angeles; London: University of California Press.
3　Izutsu, Toshihiko, trans. 2021. Lao-tzu. *The Way and Its Virtue*. Keio University Press.
4　Kimmerer, Robin Wall. 2000. *Braiding Sweetgrass: Indigenous Wisdom, Scientific Knowledge, and the Teachings of Plants*. London: Penguin.
5　山名元．2012.『原子力は「主権の基盤」と心得よ』．産経新聞，8月23日．
6　菊山隆嘉．2017.『椎尾辨匡師の「共生」思想形成史』．『共生文化研究』第二号，東海学園大学．
7　上野隆生．2010.『歴史にみる「共生」』．和光大学現代人間学部紀要 第3号：266—267.
8　鈴木大拙．1972.『日本的霊性』．岩波書店．
9　田尾陽一．2020.『飯舘村からの挑戦——自然との共生をめざして』．筑摩書房．
10　田尾陽一．2021.『原発事故から10年　福島・飯舘村の再生とは何か　自然と人間の共生』．『農業』1684号：10—24.
11　田尾陽一．2024.『ひと意見』．『農業共済新聞』3494号：1.
12　山内志朗．2020.『遍在する聖霊』．京都フォーラム・プロシーディング．

CO-BECOMING HUMANITIES

看待"共生"和 "convivialism"的另一个视角

共生人文学的功效

白永瑞——文

共生人文学是什么？

我们可以切实感受到，现在正处于巨大的变革时代。不同层级的因素相互交叉重叠所造成的复合危机（polycrisis）正以巨大的威力影响和改变着我们的生活。在气候变化、生态危机和局部战争变得非常敏感的现阶段，正是需要更加积极地思考现有资本主义体系和"增长第一主义"的局限性并对其加以干预的良机。在考虑这一庞大课题的同时，本文中我想先尝试研究现有的知识生产体系。因为我期待这种研究能够有助于知识生产和传播领域的创新，而它们可以在一定程度上促使我们去探索资本主义世界体系的局限性并由此寻求文明的转型。

为了有效地表达以上问题，我想在此提出"共生人文学"的理念。何谓"共生人文学"？首先要对构成这一概念的"共生"一词加以说明。我将它理解为"co-becoming"，意思是"共同生成、共同变化"。其次再来看所谓的"人文学"。我所指的人文学不是指经历了近代世界"两种文化"的分裂，即人文学与科学分裂之后形成的狭义人文学，而是一门需要彻底革新的具有统合性、整体性的学问。这样一来，被赋予了新内涵的两个词组合而成的"共生人文学"将具有双重含义：它既是各个学科"共同生成、共同变化"的学问，也是引领人类和非人类乃至整个生物圈"共同生成、共同变化"的学问。

我虽然提倡共生人文学，但这并不意味着提倡一种新的制度和方法论。我只是希望我们的治学态度能够符合文明转型的新方向，并使现存人文学变得更

看待"共生"和"convivialism"的另一个视角

加完整。为了找到这样一条道路，最重要的是从根本上认识到真理观需要巨大的转变。这也是本文问题意识的基础。这里我将通过反思自己过往研究内容的方式，提出走向"共生人文学"在心态上所需要的两个条件。

第一个条件是将社会议题作为学术议题的态度。这一构想曾以"社会人文学"（Social Humanities）之名，在韩国延世大学附属研究所进行过协同研究。想要在当前的巨大变革期，在肩负顺应文明转型的时代需求这一重大任务的同时，重新激活社会人文学这一资源，无疑需要进一步完善现有工作。社会人文学作为整体性学问，要想具有人文学的风范，就不能局限于人文社会科学领域，还需要将科学技术研究（STS，Science and Technology Studies）等领域也纳入人文学的范围之内。在被称为人类世（Anthropocene）或资本世（Capitolocene）的当代，更应该从根本上重新审视科学技术和人类的关系并予以更深入的探讨。这就是需要一种对社会人文学加以完善的整体性学问即"共生人文学"的原因。

第二个条件是"知识活动家"的人生规划，也就是对个人实际生存层面的生活伦理，以及对个人生活的具体关联性的反省。这个条件也是社会人文学中未能很好解决的课题，具体可体现为"知识活动家"的"心灵修行实践"（mind practice）。

韩国学者白乐晴所强调的心灵修行实践有些与众不同。在他看来，心灵修行实践不仅重新激活了儒学中"修己治人"的态度，还融合了儒、佛、道，并以继承东学、天道教开辟思想的圆佛教（Won Buddhism）思想，特别是以"三学"（the Threefold Study）内容为基础。"三学"所说的"学"不是观念层面的心灵修行实践，而是试图应对并解决由物质文明主导的近现代现实这一具体情况的学习和修行。在此过程中，我们不断地进行"精神修养（Cultivating the Spirit）、事理研究（Inquiry into Human Affairs and Universal Principles）、作业取舍（Choice in Action）"这三个层面的心灵修行实践。这些词可能有些生疏，所以稍加解释一下。"精神修养"是使自己达到心灵清醒境界的力量（修养力）。这不是指被物质/精神二分法束缚的精神，而是指熟知使用物质的方法和使用心灵的方法（用心法）的精神境界。"事理研究"是培养能够洞察诸如世界如何运转等正确的科学知识和智慧，并认清其根本原理的能力（研究力）。"作业取舍"是指在应用所有事物时，取正义、舍不义的执行力（取舍力）。区分正义和不义是看能否让自己和他人共同受益。它是"三学"果实的应用阶段，其学习范围不仅仅局限在个人良心的体现上，还包括针对家庭、社会、国家、世界的社会正义。

"三学"所说的心灵修行实践是个人各自在日常生活领域达到的境界，即一心一意集中于某一件事，在研究那件事的过程中应用并实践到每个环节。在自己所处的生活现场，针对现实中迫切的问题，追求总体性和实践性的认识，同时变革"自己和社会现实"的学习方法，这是共生人文学的重要条件。

当然，这种想法并不是全新的，在东西方宗教和思想的脉络中可以找到很多相关的思想资源。在面临巨大变革的当前局势下，我们要根据各自所处场所的真实感受，以刨根问底的批评性态度去重新激活这些资源。这种资源作为能够突破资本主义弊端的动力，只有当我们最大限度地加以利用时，它才会存在。如果人文学要忠实于构思新的符合时代课题的生活方式，并加以实践的话，就应该在走向另一种普遍文明的过程中，孜孜不倦地重新激活我们过去所积累的思维和实践经验。因此，下面的内容将格外重视韩国历史中积累的思想资源。[1]

以共生人文学的视角重新思考"共生"和"convivialism"

接下来，我想思考一下"共生人文学"的功效。对于此前主要围绕"共生"和"convivialism"（共存主义）展开的有关另一种文明的讨论，我将采取批判性介入的方式。希望通过这个尝试，能够使共生人文学得到哲学上的根据，同时"共生"和"convivialism"也可以获得更具体的普适性。

对于共生与convivialism的异同，宋冰已经提供了详细的说明。[2] 但是如果只专注于寻找这两者的共同点，那么就有可能会变得过于宽泛和抽象。我认为需要参与者在各自的生活现场中，反思和阐明这两者在日常生活中是如何被实践的，并发掘它们在其他文化中（不同）的表现形态，进而由此来反观自身。

因此我想试着以韩国形成的思想资源和历史经验为基础，来参与该讨论，因为这样或许也可以有所贡献。我们能否简简单单地说，东亚的共生中（作为"onvivialist宣言"一部分的）提出"创造性反对的原则"（the principle of creative opposition）就比较薄弱？例如，朝鲜半岛居民的历史，尤其是过去100多年来被迫卷入资本主义世界体系后的"变革历史"，表现出了递增的、累增

"在自己所处的生活现场,针对现实中迫切的问题,
追求总体性和实践性的认识,
同时变革'自己和社会现实'的学习方法,
这是共生人文学的重要条件。"

的（incremental）成就。其中政治领域和社会领域表现出了抵抗性观点，也出现了实践"抵抗性连带"的历史经验以及为此提供基础的思想资源。[3]再往前追溯，可以发现中国和韩国对"天人关系"的不同认识。与中国天人合一思想相对应的韩国思想是东学、天道教的"天人相与"，它以生命概念为中心，但更注重人与自然的直接关系。另外，与中国"替天行道"的观念相比，韩国的"体天行道"更加明确地呈现出了具有相互作用、循环性质的天人关系，因此其独特性更加凸显。只有区分和认识东亚内部的这些可变性（internal variation），我们之间的共生性互动才能在全球层面上更富有成效且更具意义。

在韩国，"共生"（공생 gongsaeng）是由生物学词语"symbiosis"翻译而来的，后来逐渐获得了"互相帮助，共同生活"的社会含义，现在已经被广泛使用。不过目前为止，似乎没有多少人尝试去规范这个概念本身，并寻找其哲学根据。但和它意义相通的思想资源却很丰富。特别是在19世纪末被迫卷入资本主义世界体系的文明转型的危机时期，以"开辟"（Gaebyeok, Great Opening）为旗帜的所谓"开辟思想"就非常符合他们所追求的理念。该思想追求的是人的精神和内心最根本的变化以及能够开辟新世界的大变革。这一思想发源于19世纪末的新宗教（或开辟宗教），后来广泛扩散。该思想兼具对根源性存在的领悟和政治哲学，同时也深入参与了政治和社会实践。我将以此为基础，试着以概述的形式与过去博古睿研究院中国中心的"共生项目"（Gongsheng/Kyōsei project）中所积累的观点进行生产性对话。

第一，convivialism所强调的"赠与"概念，尤其是有关"政治运作者"（political operator）和"承认运作者"（recognition operator）的主张，[4]提出了超越资本主义的另一种体系的运作原理，即可以成为文明转型动力的是另一种补偿系统，而非金钱，这一点意义深远。这与我所强调的"欲望的公共价值"是相通的。更有趣的是，它根据莫斯（Mauss）的理论，导入了"寄托在物体上的精神要素（灵，hau）"的概念，认为它能够驱动"送出礼物的义务""接受礼物的义务"和"偿还礼物的义务"这三者的循环，形成交换礼物的义务。这一观点发展成为"方法论的万物有灵论"（或enlightened animism），使"非人的存在"成为给予者，从而在存在论上以完全不同的方式将其联系起来，进而成为建立（把自然也视为伙伴的）"非二元存在论"的社会理论的起点。[5]在我看来，比这更重要

"与中国天人合一思想相对应的韩国思想是东学、天道教的'天人相与',它以生命概念为中心,但更注重人与自然的直接关系。另外,与中国'替天行道'的观念相比,韩国的'体天行道'更加明确地呈现出了具有相互作用、循环性质的天人关系,因此其独特性更加凸显。只有区分和认识东亚内部的这些可变性(internal variation),我们之间的共生性互动才能在全球层面上更富有成效且更具意义。"

的贡献是,它促进了东西方之间的生产性对话。例如,作为共生哲学依据之一的万物一体论,即"民胞物与"思维(camaraderie thinking)的形而上学依据,与(生成万物的)"气论"是相通的。[6]

这一"气论"构成了韩国儒学思想的主要流派。但新宗教"东学",整合了儒教、佛教、道教,为解决国内外危机,还发动过以宗教灵性为思想主导的大规模农民革命,但最终受挫。在日本殖民统治下,东学改编为"天道教"后,才保住了其影响力。东学发展出了将"人格"和"非人格"融为一体的存在视为"天/天主(한울,hanul,韩语固有词)"和"至气"的思维。"天/天主"指弥漫在宇宙中的灵气。在人的内心中,"天/天主"临在于自我的中心位置,所以"我"不是孤立的存在,在宇宙灵气中与其他生命相互联系着,而且在内心供奉着"天/天主"(侍天主)的每一个人都是崇高的存在。此外,20世纪初出现的另一个新宗教"圆佛教",则以佛教为本体,运用(整合了儒教、佛教、道教的)东学,提出了新的真理观,并将其命名为"一圆"(One Circle)。[7] 一圆作为万物之源,是空的,而这个空所表现出的天地万物的作用是"四恩"(The Fourfold Grace),即在这个世界上,任何存在都不可能脱离天地而生活(天地恩,The Grace of Heaven and Earth),脱离父母而出生(父母恩,The Grace of Parents),离开同胞而生存(同胞恩,The Grace of Fellow Beings),离开法律而存在(法律恩,The Grace of Laws),所以要感其恩,知其恩,报其恩。我姑且称它为将一个真理分为四个范畴的缘起性恩惠论。如果与前文提到的"三学"联系起来的话,感受这种受恩("被恩")的能力与修养力的学习密切相关,知恩与研究力的学习密切相关,而报恩则与取舍力的学习密切关联。[8] 在这种根源性的真理观和达到这种真理观的学习方法上下功夫的思想资源,与convivialism所强调的"赠与"和方法论的万物有灵论,以及中国的万物一体概念既相通又有别,如果加以深究,应该也有可借鉴之处。

第二,在conviviality的理论和实践中,让人产生兴趣的是其决定性因素"公民的自治组织",或者"自治结社体"(associative self-organization)。[9]虽然这有助于批判绝对化国家的国家主义和市场万能主义,但我更想强调国家的重组,换句话说,就是人民主权的重组。我既不想拘泥于个人和国家的两分法而固守批判国家的老套话语,也不想对国家的介入提供"去政治"的协助,而是迫切

希望通过表现民主集体的主体性和连带机制的新想象和新思考,能够针对国家的介入本身,加以政治性干预。我在民主主义的定义本身——因此也是欧洲思想史上令人畏惧的对象——"民的自治"即"人民主权"的重构中寻找其方向。把主权理解为人民主权,是在批判国家主权的同时,从本质上把主权视为具有争议的概念,如果表现得更强烈一些,就是唤醒想要强化民治的意志乃至行为的课题。[10]虽然"自治结社体"是激活民治的有效资源,但当它汇聚成国家改革时,完全可以成为变革的动力。

下一个要讨论的话题是"实践单位"。有关convivialism和共生的观点似乎都倾向于关注气候变化、生态危机中的"行星视角"(planetary perspective)。但是针对这种空间上的扩展,有一些批判之声认为一旦采取"行星"观点,思维将难以接受这种急剧扩大的规模,因此反而容易失去焦点。我们也不应该完全忽视这种批判。这就是生态危机让人感到既鲜活又遥远,既有要马上采取行动的紧迫感,又有这种行动没有任何用处的无力感的原因。因此,拉图尔(Bruno Latour)提出了"着陆"的简明观点,主张要把我们从这种焦灼无助的状态中唤醒,就需要一个能够重新出发的坚实的立足点,即"大地"(Terrestrial)。[11]他所说的"大地"(Gaia),指的是每时每刻不断形成的波浪和环节都能被所有行为者(包括那些数不清的细微有机体在内)联系起来的"连接畅通的本土性"(well-connected locality),或由于这种连接,促使行为者发生变化的"变质带"(metamorphic zone)。[12]

他的观点促使我们将视角从"本土"(local)和"全球"(global)转移到新的中心,也就是"大地",并重新建构时空概念。我曾经提出在空间层面上要关注本土-区域-全球的重叠,在时间层面上要关注短期、中期、长期的连贯性,进而适当调整我们的实践课题。我还认为时空矛盾的重叠在"核心现场"[13]得到了最好的体现,并一直主张要将"核心现场"作为实践单位重视起来。我的用意是希望通过在各自的核心现场解决凝结矛盾的问题,率先建立共生社会。上面所说的人民主权重构是其中的重点课题。但是接触到拉图尔的观点以及有关convivialism和共生的讨论所强调的内容后,我认识到在核心现场的讨论中,需要培养对非人类存在的感受能力和重构人民主权的必要性。与此同时,我也认为需要提高警惕,因为有可能会因为思维规模变得庞大,也就是"行星视角"

（主张要摆脱人类中心主义），一不小心就脱离历史和社会现实，从而忽视（扎根于核心现场的）政治主体的行为性/能动性。[14]

在这里，让我们来听听韩国学者黄静雅的观点。她认为"或许把中心放在'敬意'而非'拥有'的自我统治，才是能让处于危机的我们活下去的民主主义吧"。她所说的"敬意"基于东学所提倡的"三敬思想"，其中心思想是敬天、敬人、敬物三者之间的有机关系。"以天食天"体现了这一思想的核心。因为所有的存在都是天，所以人类吃东西是天吃天的行为，即这个世界以吃与被吃的方式连接在一起。这一隐喻充分体现了天地万物具有"天/天主"的灵性，所以可以相生的观点。其实我们已经生活在共生的环境之中。日本学者星野太提出"寄

> **"我曾经提出在空间层面上要关注本土－区域－全球的重叠，在时间层面上要关注短期、中期、长期的连贯性，进而适当调整我们的实践课题。我还认为时空矛盾的重叠在'核心现场'得到了最好的体现，并一直主张要将'核心现场'作为实践单位重视起来。"**

生式共生"（a parasite symbiosis），并主张共生并非我们要实现的理想或目标，而是我们目前已经身处的既定现实，所以应该从历史的脉络探寻其内涵。这种观点无疑是值得关注的。[15]

我想讨论的最后一个话题是宗教性。宋冰指出 convivialism 与共生的区别之一是："convivialism 是政治哲学，不讨论形而上学或超越性追求"，相比之下，"与道合一的终极理解或启蒙（领悟、涅槃）这一目的的手段"。不难预料她会在儒、佛、道的传统中寻找共生的这种特征。[16] 那么，我们应该如何理解迦耶（Alain Caillé）提及孔德（Auguste Comte）所拥护的"人道教"（Religion of Humanity）时，提出可以把 convivialism 视为世俗宗教"人道教的化身（avatar）"这一观点呢[17]？

看待"共生"和"convivialism"的另一个视角

> "我认识到在核心现场的讨论中,需要培养对非人类存在的感受能力和重构人民主权的必要性。与此同时,我也认为需要提高警惕,因为有可能会因为思维规模变得庞大,也就是'行星视角'(主张要摆脱人类中心主义),一不小心就脱离历史和社会现实,从而忽视(扎根于核心现场的)政治主体的行为性/能动性。"

在人们对自然、事物、人、灵魂的结合越来越感兴趣的今天,convivialism与共生在宗教性层面上的差异是一个非常值得深入探讨的话题。[18]但是在这里我只能针对这次的主题简短地强调,需要摆脱那些过去经常与民主主义相关联的价值(如所有制),而去关注那些要求个人和集体都高度觉醒的其他价值,特别是"宗教"乃至"求道"层面的认识。

在此,我想再次介绍圆佛教提出的德治(Governing through virtue)、政治(Governing through laws and regulations)、道治(Governing through the Way)这三种治教(治理和教化)并进的道路。"以政治理"大体相当于东西方各种现实政治和法治;"以德治理"是儒家"礼道政治"的主要手段,强调领导人的德治;而"道治"是一个新概念,指只要个体的民众到达"道人"的境界,就能自然而然地形成圆满的世界。也就是说,只有当一个个灵魂达到领悟的境界,才有可能实现它。当然,不能仅在理论层面阐明要同时实践这"三种道",还需要承担一部分冒险的工作,也就是要找到与具体历史情况相符合的具体方法。[19]

作为这一冒险的一环,我想再次强调,我们要根据各个国民国家的不同路径,在追求长期文明转型这一目标的道路上,要具备现实的中短期战略。尤其不能忽视国家改造这一中期媒介,因为它贯穿着长期和短期课题,否则很容易就会陷入观念化的错误,减弱其推动力。

即使将视野扩大到全球(或行星)层面来思考作为总体性学问的"共生人文学",在实践层面上,其前提仍然是在各自的生活现场中所选择的态度。"以小成大"的心态很重要。为了实现文明大转型,要从小事做起,但要心怀大志,

"'以政治理'大体相当于东西方各种现实政治和法治；'以德治理'是儒家'礼道政治'的主要手段，强调领导人的德治；而'道治'是一个新概念，指只要个体的民众到达'道人'的境界，就能自然而然地形成圆满的世界。"

"'道'既是我们要到达的目的，同时也是到达它的过程。我之所以一直强调求道，尤其强调同时实践个人修养和社会变革是新文明的动力，原因也在于此。获得这一动力的源泉正是在核心现场形成的小规模自发的结社体——心灵修行实践的共同体。"

看待"共生"和"convivialism"的另一个视角

"'以小成大'的心态很重要。
为了实现文明大转型,要从小事做起,但要心怀大志,
具体行动时不要被小事左右,这样就能获得更强的执行力。"

具体行动时不要被小事左右，这样就能获得更强的执行力。让我们再次铭记，共生人文学的一个条件就是在各自的现场，同时变革"自己和社会现实"的学习法。

"道"既是我们要到达的目的，同时也是到达它的过程。我之所以一直强调求道，尤其强调同时实践个人修养和社会变革是新文明的动力，原因也在于此。获得这一动力的源泉正是在核心现场形成的小规模自发的结社体——心灵修行实践的共同体。人文学原本所追求的人之为人的境界，是在（韩国诗人申东晔所吟诵的）"我们心中的道路，我们的精神里敞开的灵魂道路"中所进行的求道实践。与其说是天道，或许更应该称其为"大地上的路"吧。B

本文最初在国际会议 Gongsheng/Kyōsei and Convivialism: Forging a Planetary Philosophy and Ethics?（Tokyo: March 29–30, 2024）上发表，在现场听取其他参会学者的发言和讨论后，经修改写成当前的版本。

白永瑞　韩国延世大学名誉教授。

1　有关"共生人文学"更详细的内容将发表在另外的文章之中。白永瑞：《替代文明之路上的共生人文学探问——重构知识生产体系》，《探索与争鸣》2024 年第 6 期。

2　Bing Song, "What Intellectual Shift Do We Need in a Time of Planetary Risks?," in *Gongsheng Across Contexts: A Philosophy of Co-becoming*, edited by Bing Song & Yiwen Zhan, Palgrave Macmillan, 2024.

3　白永瑞编：《百年の変革——三・一運動からキャンドル革命まで》，東京：法政大學出版部，2021。

4　Alain Caillé, "Origins and Theoretical Foundations of Convivialism," in Song and Zhan, 2024, 231.

5　Frank Adloff, "Ontology, Conviviality, and Symbiosis Or: Are There Gifts of Nature," in Song and Zhan, 2024, 255.

6　Bing Song, 15.

7　Paik Nack-chung, "Won-Buddhism and a Great Turning in Civilization," *Cross-Currents: East Asian History and Culture Review*, No.22（March 2017）.

8　在"四恩"中，最容易被误解的应该是"法律恩"。因为有可能会理解成世界上所有的法律都是来自真理的恩惠。但是顺应法律的意思是要顺应那些人道且正义的公正之法，而非不公正的法律。法律恩这一教义是与圆佛教修行教义"三学"中的"作业取舍"，即"取正义，舍不义"的教义相互结合的。

9　Frank Adloff, "Experimental Conviviality: Exploring Convivial and Sustainable Practices," *Open Cultural*

Studies, 2020（1）：112, 115.
10 白永瑞：《〈複合国家〉論の可能性——民主主義の危機と向き合う》,《思想》2024.2，No.119。
11 黃静雅：《布鲁诺·拉图尔的政治生态论与文学的（生态）政治》,《内与外》55（2023），第42页。
12 Bruno Latour, *Facing Gaia: Eight Lectures on the New Climate Regime*, trans. Catherine Porter（Cambridge: Polity, 2017）,58, 136.
13 当然，我们所处的任何生活现场都有可能成为核心现场。但只有在正确认识时空矛盾和凝结矛盾的事实（客观条件），并坚持想要克服它的实践姿态（主体形成）时，才能真正成为核心现场。白永瑞：《橫觀東亞——從核心現場重思東亞歷史》,臺北：聯經出版社，2016；白永瑞：《共生への道と核心現場——實踐課題としての東アジア》,東京：法政大學出版部，2016。
14 作为"核心现场"的个例，中岛隆博所介绍的日本福岛"饭馆村"的重建实验和领导这一实验的田尾阳一（1941— ）的思想给我们很大的启示。此外，我们也要通过挖掘在东亚各地正在实验的地区共生共同体的例子，确保共生的实践性。
15 星野太：《食客論》,東京：講談社，2023，第6—8页。
16 Bing Song, 33。
17 Alain Caillé, 228。
18 孔德试图用实证主义科学填补神的消失带来的缝隙，建立人道教这一共同体组织，并使它摆脱资本主义阴影。但他提出的"非/神学的神学"（a/theological theology）是当时阻止革命重演、切断民主主义可能性的缓冲计划的新版本的想法也值得聆听。金珉徹：《谁在惧怕民主主义——通过思想史解读嫌恶民主主义的历史》,坡州：创批，2023，第227页。
19 以上是对圆佛教第二代宗法师鼎山宋圭（1900—1962）提出的三种治教的新解读。白乐晴：《西方的开辟思想家戴维·赫伯特·劳伦斯》,坡州：创批，2020，第484—485页。